GW01159463

Die Porsche-Story

Etienne Psaila

Die Porsche-Story

Dieses Buch ist Teil einer Reihe und jeder Band der Reihe wurde unter Berücksichtigung der besprochenen Automobil- und Motorradmarken erstellt, wobei Markennamen und verwandte Materialien nach den Prinzipien der fairen Nutzung für Bildungszwecke verwendet werden. Ziel ist es, zu feiern und zu informieren und den Lesern eine tiefere Wertschätzung für die technischen Wunderwerke und die historische Bedeutung dieser ikonischen Marken zu vermitteln.

Webseite: **www.etiennepsaila.com**
Kontakt: **etipsaila@gmail.com**

Inhaltsverzeichnis

Prolog: Träume von Geschwindigkeit

In den stillen, mondbeschienenen Gassen von Maffersdorf, einer Kleinstadt in der österreichisch-ungarischen Monarchie, lag der junge Ferdinand Porsche wach, die Dunkelheit seines bescheidenen Zimmers nur vom schwachen Schein einer Kerze durchdrungen. Sein Verstand, ein Wirbelwind aus Zahnrädern und Kolben, weigerte sich, sich dem Schlaf hinzugeben. Neben ihm stand ein Skizzenblock voller grober Umrisse von Maschinen, die zu futuristisch für den Beginn des 20. Jahrhunderts wirkten.

Das ferne Brummen eines einsamen nächtlichen Wagens tat wenig, um seine Aufregung zu unterdrücken. Ferdinand stellte sich eine Welt vor, in der sich Fahrzeuge nicht auf die müden Beine der Pferde verlassen, sondern auf die unendliche Energie, die im Kraftstoff gespeichert ist. Seine Augen glänzten mit dem Widerschein seiner kerzenbeleuchteten Träume und stellten sich Straßen vor, die von Autos belebt waren, die Eleganz mit Kraft verbanden.

»Noch eine Nacht, in der du nicht schlafen kannst, Ferdinand?« durchbrach eine sanfte Stimme das Schweigen. Seine Mutter stand an der Tür, ihre Silhouette wurde vom Licht des Flurs umrahmt.

"Mutter", begann er mit einer Mischung aus Entschuldigung und Begeisterung, "ich habe mir nur vorgestellt ... sich Autos vorzustellen, die die Welt verändern könnten."

Seine Mutter trat näher, ihr Lächeln war zärtlich und wissend zugleich. Sie warf einen Blick auf die Skizzen, die in seinem

Zimmer verstreut waren – Zeichnungen, die aus den Seiten zu springen schienen, als wollten sie zum Leben erweckt werden.

»Ferdinand, deine Träume sind wie die Sterne«, sagte sie, setzte sich neben ihn und ergriff seine Hand. »Weit entfernt vielleicht, aber hell genug, um dir den Weg zu erhellen. Denken Sie daran, dass selbst die längste Reise mit einem einzigen Schritt beginnt."

Draußen lag die Welt still und ahnte nicht, welche Revolution sich im Herzen eines kleinen Jungen in Maffersdorf zusammenbraute. Aber innerhalb dieser Mauern wurde die Saat eines Vermächtnisses gesät – eines Vermächtnisses, das eines Tages auf Rennstrecken und Straßen auf der ganzen Welt zum Leben erweckt werden sollte.

Ferdinand blickte zu seiner Mutter auf, und seine Entschlossenheit wurde immer festiger. "Eines Tages, Mutter, werde ich Autos bauen, wie sie noch nie jemand gesehen hat. Autos, die mehr als nur Transportmittel sind; Sie werden... Ausdruck der Freiheit, der Schönheit, der Zukunft."

Seine Mutter drückte seine Hand, und in ihren Augen spiegelten sich seine Träume. »Und ich glaube, du wirst es tun, mein Sohn. Aber für den Moment lass deine Träume deine Ruhe befeuern. Morgen ist ein weiterer Tag, um sie zu jagen."

Als sie ging, wandte Ferdinand seinen Blick wieder seinen Skizzen zu. In seinem Herzen drehten sich bereits die Räder und brachten ihn auf einen Weg, der die Welt der Mobilität neu gestalten sollte. Die Nacht war still, aber im Kopf des jungen Visionärs erwachten die Motoren der Zukunft zum Leben und versprachen eine Reise voller Innovation, Herausforderung und Triumph.

Die Flamme der Kerze flackerte und warf Schatten, die über die Wände tanzten – Schatten, die von dem Vermächtnis zu flüstern schienen, das kommen sollte. Mit einem letzten Blick auf seine Skizzen blies Ferdinand die Kerze aus, und in der beruhigenden Umarmung der Dunkelheit wagte er von Geschwindigkeit zu träumen.

Kapitel 1: Der visionäre Ingenieur

Der Anbruch des 20. Jahrhunderts brachte den Wind des Wandels mit sich, der über die aufstrebenden Städte und verschlafenen Städte Europas hinwegfegte. In Wien war die Luft dick vor Innovationen, ein Zentrum für Denker, Schöpfer und Träumer. Unter ihnen war Ferdinand Porsche, nicht mehr der Junge aus Maffersdorf, sondern ein Mann, dessen Name in den Hallen der Ingenieurskunst zu klingen begann.

Wien, 1900. Die Stadt war lebendig und pulsierte von den Energien der Moderne und der Tradition. Ferdinand ging zielstrebig durch die gepflasterten Straßen, seine scharfen Augen erfassten jedes Detail um ihn herum – die Art und Weise, wie das Sonnenlicht auf der Donau tanzte, das Rattern der Pferdekutschen, das Gemurmel der Gespräche über Politik, Kunst und Wissenschaft. Er war auf dem Weg zu dem Treffen, das den Beginn seiner Träume markieren könnte, die zum Leben erweckt wurden.

Als er das prächtige Gebäude der Bela Egger Electrical Company betrat, nickte ihm die Rezeptionistin zu und erkannte ihn von seinen häufigen Besuchen. "Herr Porsche, sie erwarten Sie. Hier entlang, bitte."

Der Raum, den er betrat, war weit, die Luft schwer von Vorfreude. Am anderen Ende stand eine Gruppe von Männern und diskutierte eifrig über eine Reihe von Bauplänen. Als Ferdinand sich näherte, verfiel der Raum in eine ehrerbietige Stille, um seine Ankunft zu bestätigen.

"Herr Porsche", begrüßte Herr Egger, der Firmengründer, mit einem herzlichen Händedruck. "Ihre Ideen haben uns fasziniert. Sag uns, was ist das für eine Vision von dir?"

Ferdinand atmete tief ein, sein Blick schweifte über die Gesichter vor ihm. »Meine Herren,« begann er mit fester und überzeugter Stimme, »wir stehen an der Schwelle zu einer neuen Ära. Eine Ära, in der Elektrizität nicht nur unsere Häuser und Fabriken, sondern auch unsere Transportmittel mit Strom versorgt."
Er rollte seine eigenen Baupläne auf den Tisch und enthüllte detaillierte Entwürfe eines Elektrofahrzeugs. "Das", sagte er und zeigte auf die Zeichnungen, "ist nicht nur ein Auto. Es ist die Zukunft – ein Fahrzeug, das leise und effizient fährt, ohne dass Pferde oder Dampf benötigt werden."

Der Raum brach in Gemurmel aus. Einige Gesichter zeigten Skepsis, andere Neugierde. Herr Egger beugte sich vor und betrachtete die Baupläne genau. »Und Sie glauben, daß das möglich ist?« fragte er, ohne den Blick von der Zeitung abzuwenden.

»Von ganzem Herzen,« antwortete Ferdinand. "Nicht nur machbar, sondern notwendig. Stellen Sie sich Straßen vor, die frei von Pferdemist sind, Städte ohne den ständigen Lärm von Motoren. Das ist die Lösung für die Umweltverschmutzung und den Lärm in den Städten – die Elektromobilität."

Ein jüngerer Ingenieur, der fasziniert war, trat vor. "Aber was ist mit der Reichweite? Macht? Wie wird es mit den Benzinmotoren konkurrieren?"

Ferdinands Augen funkelten vor Herausforderung. "Durch Innovation, Verbesserung der Batterietechnologie und

Optimierung der Effizienz. Wir fangen jetzt an und führen die Welt in diese neue Ära."

Die anschließende Debatte war intensiv. Fragen flogen, Zweifel wurden laut, aber Ferdinand begegnete jedem mit einer Mischung aus Leidenschaft, Wissen und unbestreitbarer Logik. Als die Diskussion ihren Höhepunkt erreichte, wurde klar, dass Ferdinand nicht nur seine Vision verteidigt, sondern auch einen Funken des Glaubens bei anderen entfacht hatte.

Herr Egger hob endlich die Hand zum Schweigen. "Herr Porsche, Ihre Vision ist mutig, vielleicht sogar radikal. Aber es sind Visionäre wie Sie, die uns voranbringen. Wir investieren in Ihr Projekt. Lassen Sie uns gemeinsam die Zukunft gestalten."

Der Raum, der einst geteilt war, brach in Applaus aus. Ferdinands Herz schwoll vor Stolz und Dankbarkeit. Der Weg, der vor ihm lag, würde voller Herausforderungen sein, aber in diesem Moment wusste er, dass er den ersten, entscheidenden Schritt getan hatte, um seine Träume zu verwirklichen.

Als er die Versammlung verließ, schienen die Straßen Wiens anders zu sein, als flüsterten auch sie von den bevorstehenden Veränderungen. Unter ihnen wandelte Ferdinand Porsche, nicht nur ein Mann mit einem Traum, sondern ein visionärer Ingenieur, der die Weichen für eine neue Welt der Mobilität stellte.

Kapitel 2: Die Geburt einer Legende

Stuttgart, 1930. Die Stadt war eine Mischung aus klassischer Architektur und aufkeimender Industrie, ein Zeugnis für die rasante Modernisierung Deutschlands. Inmitten dieser Landschaft der Innovation trug eine bescheidene, aber zielstrebige Ingenieurswerkstatt den Namen ihres visionären Gründers: Dr. Ing. h.c. F. Porsche GmbH. Ferdinand Porsche, heute ein Synonym für technische Brillanz, stand kurz davor, seinen bisher kühnsten Traum zu verwirklichen.

In der Werkstatt herrschte reges Treiben, die Luft war vom Geruch von Metall und Öl erfüllt, und die Geräusche von Maschinen und ernsthafte Diskussionen erfüllten den Raum. Ferdinand war mit seiner charakteristischen Intensität in ein Gespräch mit seinem Sohn Ferry Porsche und seinem vertrauten Chefingenieur Karl Rabe vertieft. Vor ihnen lagen auf der Werkbank die ersten Skizzen und Bestandteile dessen, was ihr Meisterwerk werden sollte.

»Fähre«, begann Ferdinand, während seine Augen die Linien des Luftzuges vor ihm nachzeichneten, »dieser Wagen wird mehr als nur eine Maschine sein. Er wird Effizienz, Leistung und vor allem Innovation verkörpern. Wir bauen nicht nur ein Auto; Wir schaffen ein Vermächtnis."

Ferry, der die Leidenschaft und Vision seines Vaters teilte, nickte zustimmend. "Das kompakte Design ist revolutionär, Vater. Aber wir müssen sicherstellen, dass es nicht nur innovativ, sondern auch zugänglich ist. Wir wollen, dass dieses Auto das Auto des Volkes ist."

Karl Rabe mischte sich ein, sein Fachwissen zeigte sich in seiner akribischen Liebe zum Detail. "Das Heckmotor-Layout, das Sie vorgeschlagen haben, Herr Dr. Porsche, ist in der Tat bahnbrechend. Es bietet eine unvergleichliche Balance und Handhabung. Die Perfektionierung erfordert jedoch Einfallsreichtum und Ausdauer."

Ferdinand lächelte und schätzte Karls Mischung aus Vorsicht und Ehrgeiz. "Genau deshalb habe ich mich für dieses Team entschieden", bekräftigte er. "Wir werden jede Herausforderung mit Kreativität und Präzision meistern. Dieses Auto wird einen neuen Standard für automobile Exzellenz setzen."

Als aus den Wochen Monate wurden, wurde die Werkstatt zu ihrer Welt. Jedem Rückschlag wurde mit neuem Elan begegnet, und jeder Durchbruch war ein Grund zum Feiern. Ferdinand führte sein Team mit einer Mischung aus väterlicher Wärme und kompromisslosem Anspruch an Exzellenz und sprengte die Grenzen des Machbaren.

Dann kam der Tag der Abrechnung – der erste Prototyp stand zum Testen bereit. Das Team versammelte sich im frühen Morgenlicht, die Luft war frisch vor Vorfreude. Das Auto, mit einer Plane bedeckt, saß wie ein schlummerndes Tier in der Mitte des Hofes.

Ferdinand zog mit einer Feierlichkeit, die dem Moment angemessen war, die Abdeckung weg und enthüllte das schlanke, innovative Design des Prototyps. Ein Raunen der Bewunderung ging durch das versammelte Team, ihre Gesichter spiegelten die Morgensonne und das Leuchten des Stolzes auf ihre Kreation.

Ferry kletterte auf den Fahrersitz, die Hände am Lenkrad ehrfürchtig. Als der Motor zum Leben erwachte, legte sich eine Stille über die Menge. Dies war mehr als nur ein startendes Auto; Es war die Verkörperung jahrelanger Träume, harter Arbeit und unerschütterlichen Glaubens.

Der Prototyp bewegte sich sanft und anmutig, und das Brummen seines Motors war ein Versprechen für die kommende Revolution. Als Ferry die erste Runde absolvierte, glänzten Ferdinands Augen, nicht nur vor Stolz, sondern auch vor Voraussicht auf die Auswirkungen, die ihre Kreation haben würde.

Als Ferry zurückkam, sprang er mit einem breiten Grinsen im Gesicht heraus. »Es geht wie ein Traum, Vater! Es ist alles, was wir uns erhofft haben und noch mehr!"

Die Mannschaft brach in Jubel aus, die Kameradschaft und der gemeinsame Triumph waren in der Luft zu spüren. Ferdinand trat vor, legte eine Hand auf den Wagen und spürte die Wärme des Motors durch das Metall hindurch.
"Heute", verkündete er, und seine Stimme übertrug den Lärm des Jubels, "haben wir nicht nur ein Auto gebaut. Wir haben den Grundstein für eine Zukunft gelegt, in der Exzellenz und Innovation die Mobilität bestimmen. Das ist nicht das Ende, sondern der Anfang. Der Beginn des Vermächtnisses von Porsche."

Als sich das Team um ihre Kreation versammelte und ihre Gesichter vor Freude und Zufriedenheit leuchteten, stieg die Sonne höher und warf ein goldenes Licht über die Szenerie. Es war ein Geburtsmoment, nicht nur für ein Auto, sondern für eine Legende, die durch die Zeit raste und die Welt unauslöschlich prägte.

Kapitel 3: Die Käfer-Verbindung

Wir schrieben das Jahr 1934, und der Wind des Wandels fegte über Deutschland. Die Nation war unter neuer Führung bestrebt, ihre Innovations- und Ingenieurskraft auf der globalen Bühne zu behaupten. Inmitten dieser Begeisterung nahm ein ehrgeiziges Projekt Gestalt an, das nicht nur den Automobilbau neu definieren, sondern auch den Namen Porsche in die Annalen der Geschichte einbrennen sollte.

Ferdinand Porsche fand sich in den opulenten Korridoren der Macht in Berlin wieder, weit weg von der vertrauten Enge seiner Stuttgarter Werkstatt. Er war vorgeladen worden, um über ein Projekt zu sprechen, das ebenso politisch aufgeladen wie technologisch herausfordernd war: die Schaffung eines "Volkswagens", eines Volkswagens, der erschwinglich, zuverlässig und in der Lage sein sollte, die neu gebauten Autobahnen Deutschlands zu befahren.

Als Ferdinand in einen geräumigen, sonnendurchfluteten Raum geführt wurde, war er sich der Bedeutung des Augenblicks sehr bewusst. Ihm gegenüber saßen mehrere hochrangige Beamte, deren Gesichtsausdruck eine Mischung aus Skepsis und Neugier war.

»Wir haben von Ihren Bestrebungen gehört, Herr Porsche,« begann der Älteste unter ihnen mit autoritärer Stimme. "Der Führer wünscht sich einen Wagen für das Volk. Es ist eine Vision, die nicht nur Einfallsreichtum, sondern auch ein Bekenntnis zum deutschen Volk erfordert. Können Sie so ein Fahrzeug liefern?"

Ferdinand begegnete seinem Blick geradeheraus, und das

Gewicht der Aufgabe minderte seine Entschlossenheit nicht. "Es ist nicht nur möglich, sondern eine Mission, die ich bereit bin zu übernehmen. Das Fahrzeug, das wir uns vorstellen, wird mehr als nur ein Transportmittel sein. Es wird die Stärke und Einheit unserer Nation symbolisieren."

Die anschließende Diskussion war intensiv, und Ferdinand skizzierte seine ersten Entwürfe – ein Auto, das kompakt und dennoch geräumig, effizient und dennoch leistungsstark ist. Als er von luftgekühlten Motoren und dem Potenzial für die Massenproduktion sprach, wich die anfängliche Skepsis im Raum einem verhaltenen Optimismus.

Doch erst als Ferdinand davon sprach, welche Auswirkungen ein solches Auto auf den Alltag der Deutschen haben könnte und das Mobilität und Freiheit für viele Menschen erreichbar macht, wurde die Vision so richtig gewahrt.

»Sie sprechen mit Überzeugung, Herr Porsche«, bestätigte der Beamte, und ein Hauch von Respekt schlich sich in seine Stimme. "Wir werden Ihnen diese Aufgabe anvertrauen. Aber denken Sie daran, die Augen der Nation werden auf Sie gerichtet sein."

Nach Stuttgart zurückgekehrt, spürte Ferdinand die Last der Erwartungen auf seinen Schultern. Doch es gab auch einen unbestreitbaren Funken Aufregung. Der Käfer, wie er später genannt wurde, war nicht nur ein Auto; Es war ein Leuchtfeuer der Hoffnung, ein Traum, der greifbar wurde.

Die folgenden Monate waren ein verschwommenes Treiben. Ferdinand hat zusammen mit seinem Sohn Ferry und einem engagierten Team sein ganzes Wissen und seine Leidenschaft in die Entwicklung des Käfers gesteckt. Jeder Prototyp, jeder Test brachte sie ihrem Ziel näher, aber nicht ohne Herausforderungen.

Der Höhepunkt ihrer Bemühungen kam an einem kühlen Morgen, als der neueste Prototyp für seinen bisher wichtigsten Test bereit war. Das Team versammelte sich, eine Mischung aus Nervosität und Vorfreude hing in der Luft.

Ferdinand wandte sich an Ferry, und es herrschte ein stummes Gespräch zwischen ihnen. Es war Ferry, der das Steuer übernahm, eine symbolische Geste der Übergabe der Fackel.

Als der Motor zum Leben erweckt wurde, wurde es still im versammelten Team. Ferry schob den Wagen leicht vorwärts, seine Bewegung war sanft, fast mühelos. Die folgenden Runden waren ein Beweis für das Engagement des Teams, das Auto funktionierte einwandfrei und sein Design war sowohl elegant als auch praktisch.
Als Ferry das Auto schließlich zum Stehen brachte, brach das Team in Jubel aus, ihre Erleichterung und Freude waren unbändig. Sie hatten es getan; Sie hatten ein Auto geschaffen, das die Welt verändern könnte.

Ferdinand, dessen Augen von unvergossenen Tränen glänzten, wusste, dass dies mehr als ein technischer Triumph war. Sie hatten ein Versprechen erfüllt, nicht nur an eine Nation, sondern an den Traum von Mobilität für alle.

Der Käfer sollte zu einem der ikonischsten Fahrzeuge der Geschichte werden, aber für Ferdinand und sein Team war er eine Erinnerung daran, was Leidenschaft, Einfallsreichtum und harte Arbeit erreichen können. Sie hatten nicht nur ein Auto gebaut; Sie hatten ein Vermächtnis geschaffen, das über Generationen hinweg Bestand haben sollte.

Kapitel 4: Wiederaufbau nach dem Krieg

Der Krieg hatte in ganz Europa seine Narben hinterlassen, Städte lagen in Trümmern, und der Geist des Kontinents war so ramponiert wie seine Landschaften. In dieser Zeit der Ungewissheit und des Wiederaufbaus nahm die Geschichte von Porsche eine dramatische Wendung, die sinnbildlich für die Widerstandsfähigkeit und den unbezwingbaren Geist steht, die erforderlich sind, um aus der Asche aufzuerstehen.

Man schrieb das Jahr 1945, und die Porsche-Familie befand sich mit ihrem engagierten Team im österreichischen Gmünd, weit entfernt von ihrem ursprünglichen Sitz in Stuttgart, das nun unter alliierter Kontrolle stand. In dieser kleinen, beschaulichen Stadt, umgeben von der heiteren Schönheit der österreichischen Alpen, suchten sie nicht nur Zuflucht, sondern auch einen Neuanfang. Die Werkstatt war bescheiden, ein starker Kontrast zu den Einrichtungen vor dem Krieg, aber hier sollten die Wurzeln des Wiederaufschwungs von Porsche nach dem Krieg liegen.

Ferry Porsche, der aus dem Schatten seines Vaters trat und eine Führungsrolle übernahm, war entschlossen, das Unternehmen wieder aufzubauen. Die Luft in Gmünd war frisch, durchdrungen von Ruhe und dem leisen Versprechen des Anfangs. Ferry, der mit seinem Team vor der bescheidenen Werkstatt stand, spürte die Last des Vermächtnisses auf seinen Schultern.

»Freunde«, begann Ferry mit ruhiger Stimme, die eine Entschlossenheit widerspiegelte, die aus den Prüfungen geboren wurde, denen er sich gestellt und die er überwunden hat, »der Krieg hat uns viel genommen, aber er kann uns nicht unseren Geist, unsere Leidenschaft oder unsere Träume nehmen. Wir fangen neu an, nicht nur, um das wiederaufzubauen, was verloren gegangen ist, sondern um etwas zu schaffen, das über uns hinaus Bestand hat."

Das Team, eine Mischung aus alten und neuen Gesichtern, hörte aufmerksam zu und fühlte sich von Ferrys Vision angezogen wie Motten von einer Flamme. Sie waren eine Mischung aus Ingenieuren, Designern und Handwerkern, jeder mit seiner eigenen Geschichte von Überleben und Verlust, aber durch ein gemeinsames Ziel vereint.

Ihr erstes Projekt war ehrgeizig – ein Sportwagen, der die Essenz von Porsche verkörpern sollte, ein Fahrzeug, das ihre Rückkehr auf die Weltbühne markieren sollte. Die Ressourcen waren begrenzt, die Bedingungen alles andere als ideal, aber innerhalb der Zwänge lag der Keim der Innovation.

Im Laufe des Projekts traten Herausforderungen so häufig auf wie die Sonne. Die Materialien waren knapp und die Maschinen waren veraltet. Doch mit jedem Hindernis leuchteten der Einfallsreichtum und der Einfallsreichtum des Teams heller. Sie funktionierten Teile um, improvisierten Lösungen und verschoben die Grenzen des Möglichen.

Der Höhepunkt ihrer Bemühungen kam an einem kalten Morgen, als der Prototyp, der später als 356 bekannt wurde, enthüllt wurde. Er stand in der Tür der Werkstatt, und das frühe Licht warf einen Schein auf seine schlanke, elegante Form. Es war mehr als ein Auto; Es war ein Zeugnis der Widerstandsfähigkeit, ein Leuchtfeuer der Hoffnung.

Mit leisem Stolz lud Ferry sein Team ein, sich um ihn zu versammeln. "Das", sagte er, die Hand auf das glatte Metall gestützt, "ist nicht nur das erste Auto, das wir in Gmünd gebaut haben. Es ist die Zukunft von Porsche."

Die erste Fahrt war ein Moment, in dem die Zeit stehen geblieben ist, ein stiller Pakt zwischen Mensch und Maschine, die Landschaft in einem verschwommenen Grün- und Braunton, als die 356 auf die Straße fuhr. Ferry hinter dem Steuer sahen die Ingenieure und Handwerker, die ihr Herz in das Auto gesteckt hatten, mit angehaltenem Atem zu.

Als die 356 zurückkehrte und ihr Motor eine süße Erfolgsmelodie brummte, brach das Team in Jubel aus. Sie hatten es getan; Allen Widrigkeiten zum Trotz hatten sie ein Meisterwerk geschaffen.

In den folgenden Jahren sollte der Porsche 356 zu einer Legende werden, zu einem Symbol für die Wiedergeburt und das bleibende Vermächtnis des Unternehmens. Aber für diejenigen, die in der kleinen Werkstatt in Gmünd standen und den Anbruch einer neuen Ära miterlebten, war es eine tiefe Bestätigung ihres kollektiven Willens zu schaffen, zu erneuern und zu träumen, auch wenn die Welt gegen sie zu stehen schien.

Die Geschichte des Wiederaufbaus von Porsche nach dem Krieg war mehr als ein Kapitel in der Unternehmensgeschichte. Es war ein Zeugnis für die Kraft des menschlichen Geistes, eine Erinnerung daran, dass aus der Asche der Zerstörung neues Leben, neue Ideen und neue Anfänge hervorgehen können, stärker und schöner als je zuvor.

Kapitel 5: Die 356: Ein Stern wird geboren

Die späten 1940er Jahre im österreichischen Gmünd waren für Porsche eine Zeit intensiver Kreativität und Innovation. Die Luft war dick vor Vorfreude, als das kleine, aber entschlossene Team an der Verfeinerung des 356, dem ersten Serienfahrzeug von Porsche, arbeitete. Dieses Auto war nicht nur ein neues Modell; es war die Verkörperung der Vision von Ferry Porsche und des Vermächtnisses seines Vaters, ein Hoffnungsschimmer in einer Zeit des Wiederaufbaus.

In der Werkstatt in Gmünd herrschte reges Treiben, das Geräusch von Metall, das geformt wurde, das Testen von Motoren und ab und zu hallte ein Triumph- oder Frustschrei von den Wänden wider. Ferry Porsche, nun die treibende Kraft hinter dem Unternehmen, überwachte jedes Detail mit akribischem Auge, um sicherzustellen, dass der 356 seinen hohen Ansprüchen gerecht wurde.

Eines Morgens, als die ersten Sonnenstrahlen durch die Fenster der Werkstatt drangen, versammelte Ferry sein Team zu einer wichtigen Besprechung. Der Prototyp des 356 war fertig, doch bevor er in Produktion gehen konnte, musste er noch einen letzten, entscheidenden Test über sich ergehen lassen.

"Heute", verkündete Ferry, und seine Stimme durchdrang die morgendliche Kälte, "beweisen wir, dass das, was wir geschaffen haben, nicht nur ein Auto, sondern ein Meisterwerk ist. Der 356 wird auf offener Straße auf die Probe gestellt, und ich werde hinter dem Steuer sitzen. Wir alle haben unser Herz in dieses Projekt gesteckt, und ich habe volles Vertrauen, dass sie uns nicht im Stich lassen wird."

Das Team, eine Mischung aus erfahrenen Ingenieuren und jungen Auszubildenden, schaute mit einer Mischung aus Nervosität und Aufregung zu. Sie hatten unermüdlich gearbeitet und unzählige Hindernisse überwunden, um die 356 zum Leben zu erwecken.

Als Ferry auf den Fahrersitz kletterte, heulte der Motor auf, sein Geräusch war ein tiefes, beruhigendes Schnurren. Das versammelte Team jubelte, ihre Gesichter leuchteten vor Stolz und Vorfreude. Dies war ihre Schöpfung, ihr Beitrag zum Porsche-Vermächtnis, und er stand kurz davor, seinen Moment der Wahrheit zu erleben.

Die Straßen rund um Gmünd mit ihren geschwungenen Kurven und atemberaubenden Ausblicken waren das perfekte Testgelände. Der 356 bewegte sich mit Anmut und Agilität, sein Motor reagierte auf jede Berührung des Pedals, seine Karosserie schnitt mit aerodynamischer Effizienz durch die Luft. Ferry brachte das Auto an seine Grenzen und testete seine Geschwindigkeit, sein Handling und seine Zuverlässigkeit.

Als er zurückkehrte, sagte Ferrys Gesichtsausdruck alles. Die 356 hatte nicht nur die Erwartungen erfüllt; Er hatte sie übertroffen. Das Team versammelte sich, als er hinaustrat, und die Vorfreude war spürbar.

"Dieses Auto", erklärte Ferry mit bewegter Stimme, "ist alles, was wir uns erhofft haben, und noch mehr. Es ist nicht nur eine Maschine; Es ist ein Kunstwerk. Das ist die Zukunft von

Porsche."

Die folgenden Tage waren ein Wirbelsturm von Aktivitäten, während sich das Team auf die Produktion des 356 vorbereitete. Jedes Mitglied wusste, dass es Teil von etwas Besonderem, etwas Historischem war. Die erste Charge des 356 wurde von der Kritik gelobt, da ihr schlankes Design und ihre außergewöhnliche Leistung die Fantasie der Automobilwelt beflügelten.

Der Erfolg des 356 war mehr als ein kommerzieller Triumph; es war ein Symbol für die Wiederauferstehung von Porsche, für einen Traum, der sich allen Widrigkeiten zum Trotz erfüllte. Es war der Beginn von Porsches Weg als Hersteller einiger der begehrtesten Automobile der Welt.

Jahre später wurde der Porsche 356 als Klassiker gefeiert, ein Auto, das nicht nur eine Generation von Sportwagen definierte, sondern auch den Geist der Innovation und Exzellenz verkörperte, der Porsche bis heute antreibt. Für Ferry und sein Team war die 356 ein Star, der aus Widrigkeiten geboren wurde, ein Beweis für ihre Entschlossenheit, Kreativität und ihren unerschütterlichen Glauben an das Unmögliche.

Im Herzen eines jeden Porsche-Enthusiasten ist die Geschichte der Entstehung und des Triumphs des 356 eine geschätzte Legende, eine Erinnerung an die Kraft von Vision, Teamwork und Leidenschaft, um jede Herausforderung zu meistern und Großes zu erreichen.

Kapitel 6: Geschwindigkeit und Ruhm

Zu Beginn der 1950er-Jahre ging der Stern von Porsche auf. Der Erfolg des 356 hatte den Ruf von Porsche gefestigt, doch für Ferry Porsche und sein Team war es keine Option, sich auf den Lorbeeren auszuruhen. Die Automobilwelt entwickelte sich rasant weiter, und mit ihr verlangten die Rennstrecken nach Innovation und Mut. Porsche stand kurz davor, sich auf eine Reise zu begeben, die sie von den kurvenreichen Straßen der europäischen Landschaft bis zu den legendären Rennstrecken der Welt führen würde.

Die Werkstatt in Stuttgart, heute das Herzstück der Porsche-Betriebe, war eine Mischung aus konzentrierter Industrie und kreativem Chaos. Unter den Ingenieuren und Konstrukteuren entwickelte sich eine neue Generation von Helden – die Rennfahrer. Es waren Männer und Frauen von außergewöhnlichem Können und Wagemut, die zum Lebenselixier des Rennsportvermächtnisses von Porsche werden sollten.

Eines Tages, in den frühen Morgenstunden, als in der Werkstatt reges Treiben herrschte, versammelte Ferry Porsche sein Team für eine Ankündigung, die den Beginn einer neuen Ära markieren sollte. Die Luft war elektrisiert vor Vorfreude, als er die Silhouette eines Fahrzeugs enthüllte, das schlank, aerodynamisch und absolut schön war – den 550 Spyder.

"Das", verkündete Ferry, und seine Stimme hallte in der gedämpften Stille wider, "ist nicht nur ein Auto; Es ist ein Statement. Wir treten in die Welt des Motorsports ein, nicht nur, um zu konkurrieren, sondern um zu gewinnen. Der 550

Spyder wird unsere Ambitionen, unsere Träume und den Namen Porsche zu Ruhm und Ehre führen."

Die Reaktion des Teams ließ nicht lange auf sich warten: Applaus und Jubel, eine kollektive Bestätigung des Engagements und der Leidenschaft. Unter ihnen stand Hans Herrmann, ein junger Fahrer mit Feuer in den Augen und Hunger nach Geschwindigkeit. Er sollte einer der Piloten des 550 Spyder werden, eine Aufgabe, die er mit einer Mischung aus Ehre und Entschlossenheit annahm.
Die folgenden Monate waren eine Mischung aus Tests und Verfeinerungen. Der 550 Spyder wurde auf Herz und Nieren geprüft, jede Runde auf der Teststrecke kam der Perfektion einen Schritt näher. Hans arbeitete eng mit den Ingenieuren zusammen, und sein Feedback war von unschätzbarem Wert für die Feinabstimmung der Leistung des Autos.

Dann kam der Tag des Debütrennens des 550 Spyder, der Targa Florio, einer zermürbenden Prüfung von Ausdauer und Geschicklichkeit durch die Berge Siziliens. Die Luft war erfüllt von Vorfreude, als das Porsche-Team eintraf und der Spyder bewundernde Blicke und spekulatives Geflüster von Konkurrenten und Zuschauern auf sich zog.

Als Hans sich in den Spyder schnallte, näherte sich Ferry Porsche und legte eine Hand auf den schlanken Rahmen des Autos. »Denk dran,« sagte er und sah Hans in die Augen, »du fährst nicht nur auf den Sieg hinaus; Du fährst für jeden Menschen, der sein Herz in dieses Auto gesteckt hat. Machen Sie uns stolz."

Das Rennen war ein Kampf gegen die Elemente, die Maschine und die Grenzen der menschlichen Ausdauer.

Hans und der 550 Spyder bewegten sich wie eine Einheit, ihre Synergie war ein Tanz aus Geschwindigkeit und Präzision. Durch jede Wendung, jeden herzzerreißenden Augenblick drangen sie vorwärts, und der Spyder antwortete mit unnachgiebiger Anmut auf jeden Befehl von Hans.

Als sie die Ziellinie überquerten, brach ein Jubel aus dem Porsche-Team aus. Sie hatten es geschafft – einen monumentalen Sieg errungen, der in die Annalen der Motorsportgeschichte eingehen sollte. Der 550 Spyder hatte unter Hans' geschickter Führung nicht nur an Wettkämpfen teilgenommen; sie hatte dominiert.

An diesem Abend, als sich das Team zum Feiern versammelte, war die Luft voller Freude und des Gefühls des kollektiven Erfolgs. Ferry Porsche hob ein Glas, seine Augen glänzten vor Stolz. "Heute haben wir nicht nur ein Rennen gewonnen; Wir haben Geschichte geschrieben. Dies ist der Beginn von Porsches Vermächtnis im Motorsport – ein Vermächtnis der Geschwindigkeit, der Innovation und des Ruhms."
Der Erfolg des 550 Spyder auf der Rennstrecke läutete für Porsche eine goldene Ära im Motorsport ein. Es war ein Zeugnis für die Vision und den Wagemut von Ferry Porsche und seinem Team, eine Erklärung ihres Ehrgeizes, nicht nur außergewöhnliche Autos zu schaffen, sondern ein unauslöschliches Vermächtnis von Exzellenz und Triumph auf der Weltbühne zu hinterlassen.

Kapitel 7: Die Evolution des 911

Die späten 1950er und frühen 1960er Jahre waren eine Zeit seismischer Veränderungen in der Automobilwelt, in der sich die Technologien weiterentwickelten und die Wünsche der Verbraucher immer anspruchsvoller wurden. Porsche, immer an der Spitze der Innovation, stand kurz davor, ein Auto einzuführen, das zum Synonym für die Marke selbst werden sollte – ein Auto, das die Mischung aus Leistung, Stil und technischer Exzellenz verkörpern würde. Das war die Geburtsstunde des Porsche 911.

Die Entstehungsgeschichte des 911 ist sowohl eine Evolutionsgeschichte als auch eine Revolution. In der geschäftigen Porsche-Werkstatt in Stuttgart, die nun vor Selbstvertrauen aus ihren Rennerfolgen nur so strotzt, stellte sich Ferry Porsche einer neuen Herausforderung. Er stellte sich ein Auto vor, das die Nachfolge des geliebten 356 antreten sollte, ein Auto, das das Porsche-Erbe in eine neue Ära tragen sollte.

Ferry berief ein Treffen mit seinen engsten Ingenieuren und Designern ein, darunter sein Neffe Ferdinand Alexander "Butzi" Porsche, ein junger Designer mit einem scharfen Auge und einem visionären Geist. Die Luft im Raum war voller Vorfreude, als Ferry seine Vision skizzierte.

"Wir stehen an der Schnittstelle von Tradition und Innovation", begann Ferry und sein Blick schweifte durch den Raum. "Das Auto, das wir jetzt kreieren werden, muss die Essenz von Porsche einfangen – unser Engagement für Exzellenz, unsere Leidenschaft für das Fahren und unser unermüdliches Streben nach Perfektion. Er wird 911 heißen."

Butzi, inspiriert von den Worten seines Onkels, ging die Aufgabe mit Inbrunst an. Er skizzierte und modellierte, jede Linie und Kurve war ein durchdachtes Spiegelbild des Porsche-Ethos. Das Design, das dabei entstand, war sowohl schön als auch mutig, mit einer unverwechselbaren Silhouette, die zur Ikone werden sollte.

Die Entwicklung des 911 war ein kollaborativer Marathon aus technischem Einfallsreichtum und gestalterischer Brillanz. Das Team stand vor unzähligen Herausforderungen, von der Perfektionierung des Heckmotor-Layouts bis hin zur Sicherstellung, dass das Handling und die Leistung des Fahrzeugs dem Namen Porsche gerecht werden.

Als sich der erste Prototyp der Fertigstellung näherte, lagen Anspannung und Aufregung in der Luft. Das Team versammelte sich, als die Abdeckung angehoben wurde und der 911 in seiner ganzen Pracht zum Vorschein kam. Seine schlanken Linien und seine elegante Form riefen ein kollektives Aufatmen hervor – eine physische Manifestation ihrer kollektiven Vision und Anstrengung.

Den Höhepunkt dieses Kapitels bildete ein frischer Herbstmorgen auf der IAA in Frankfurt. Die weltweite Automobilpresse und Branchenführer waren versammelt, und die Luft brummte vor Vorfreude auf die neueste Kreation von Porsche.

Ferry Porsche, der stolz neben dem 911 stand, enthüllte ihn der Welt. Die Reaktion war sofort und unmissverständlich – Bewunderung und Ehrfurcht. Der 911 war nicht nur ein neues

Auto; Es war eine Offenbarung, eine Absichtserklärung von Porsche, dass sie nicht nur mit der Zeit gingen, sondern den Maßstab für die Zukunft der Sportwagen setzten.

In den folgenden Jahren wurde der Porsche 911 kontinuierlich weiterentwickelt und mit jeder Iteration seine Fähigkeiten und sein Design verfeinert und verbessert. Doch im Kern blieb es der Vision treu, die Ferry Porsche und sein Team erreicht hatten – ein Auto, das den Geist von Porsche verkörperte, ein Auto für die Ewigkeit.

Der Weg des 911 vom Konzept zur Ikone ist ein Zeugnis für das unermüdliche Streben nach Exzellenz, eine Erzählung der Innovation und ein Vermächtnis von Design und Technik, das nach wie vor fasziniert und inspiriert. Es ist ein Denkmal für die Vision von Ferry Porsche und das Engagement des Porsche-Teams, ein Symbol dafür, was es bedeutet, sich nie mit weniger als dem Außergewöhnlichen zufrieden zu geben.

Kapitel 8: Turbogeladene Träume

Die 1970er Jahre erwachten mit einer Symphonie der Innovation zum Leben, die die Grenzen von Geschwindigkeit und Leistung herausforderte. Im Herzen des technischen Heiligtums von Porsche in Stuttgart nahm eine revolutionäre Idee Gestalt an – eine Idee, die die unberechenbare Kraft der Turboaufladung nutzen sollte, um die Grenzen des Sportwagens neu zu definieren. Dies war die Geburtsstunde des Porsche 911 Turbo, eines Autos, das selbst zu einer Legende werden sollte, ein Traum, der durch Ingenieurskunst und kühnen Ehrgeiz Wirklichkeit wurde.

Die Atmosphäre in den Design- und Ingenieursabteilungen war elektrisierend und aufgeladen von der Begeisterung, etwas Bahnbrechendes zu schaffen. Ferry Porsche, immer ein Visionär, hatte seinen Segen gegeben, die Turboaufladung zu erforschen – eine Technologie, die eine unvergleichliche Leistung versprach, aber für den Straßeneinsatz notorisch schwer zu bändigen war.
Ernst Fuhrmann, der brillante Ingenieur hinter vielen der Weiterentwicklungen von Porsche, führte die Anklage an. Sein Team war eine Mischung aus erfahrenen Veteranen und eifrigen jungen Talenten, die alle die Herausforderung einte, die Turboaufladung in den Sechszylinder-Boxermotor des 911 zu integrieren. Die Aufgabe war entmutigend; Die Kraft des Turbos musste entfesselt werden, ohne das raffinierte Handling zu opfern, für das Porsche bekannt war.

Eines Abends berief Fuhrmann in den Tiefen der Porsche-Entwicklungslabore ein Treffen mit seinem Team ein. Der Prototyp des 911 Turbo, der von denen, die seine rohe, ungezügelte Kraft getestet hatten, liebevoll "the

Widowmaker" genannt wurde, erwies sich als ebenso temperamentvoll wie aufregend.

"Wir stehen an der Schwelle zur Größe", begann Fuhrmann, und seine Augen leuchteten im Feuer der Herausforderung. "Dieses Auto", deutete er auf den Prototyp, "wird unser Meisterwerk sein, aber es verlangt uns mehr ab. Wir müssen das Tier einspannen, seine Kraft kanalisieren und es nach unserer Pfeife tanzen lassen."

Das Team hat sich um jedes Detail gekümmert, von der Aerodynamik bis zur Aufhängung, um sicherzustellen, dass das Auto die explosive Kraft des Turbomotors bewältigen kann. Aus Tagen wurden Nächte, und aus Nächten wurden Tage, als sie die Grenzen des Möglichen verschoben.

Der entscheidende Moment kam bei einer Testfahrt in den kurvenreichen Kurven des Nürburgrings. Die neueste Version des 911 Turbo war auf der Strecke, ihr Motor brüllte vor potenzieller Wut, und Fuhrmann und das Team schauten gespannt zu. Am Steuer saß kein Geringerer als der legendäre Testfahrer Helmut Marko, ein Mann, dessen Können ebenso furchtlos wie präzise war.

Als der Turbo durch die Grüne Hölle raste und sein Heck am Rande der Kontrolle tanzte, hielt das Team den Atem an. Marko brachte den Wagen an seine Grenzen, das Heulen des Turbos war ein schriller Schrei gegen das Dröhnen des Motors. Dann, als er die Ziellinie überquerte, brach ein Jubel aus dem Porsche-Team aus. Der Wagen hatte tadellos funktioniert, seine Kraft gezügelt, sein Geist ungezähmt, aber dem Willen des Fahrers gehorsam.

Zurück in der Werkstatt, als das Team feierte, ging Fuhrmann auf Marko zu und klopfte ihm auf den Rücken. »Was sagst du, Helmut? Ist sie bereit für die Welt?"

Marko, dessen Augen noch immer von der Aufregung der Fahrt leuchteten, grinste. "Sie ist mehr als bereit. Sie ist eine Revolution."

Die Markteinführung des Porsche 911 Turbo war eine Sensation und läutete eine neue Ära für Sportwagen ein. Es war nicht nur die Leistung, die die Automobilwelt in ihren Bann zog, sondern auch die Art und Weise, wie Porsche diese Leistung zugänglich, aufregend und vor allem fahrbar gemacht hatte.

Der 911 Turbo wurde zu einem Symbol für die technische Exzellenz von Porsche, ein Zeugnis für die Philosophie der kontinuierlichen Verbesserung und Innovation. Er verkörperte die Träume seiner Schöpfer, einen Traum von Geschwindigkeit, Leistung und dem Überschreiten der Grenzen dessen, was ein Sportwagen sein könnte.

In der Geschichte von Porsche ist der 911 Turbo ein Meilenstein, ein Kapitel, in dem der Mut, turbogeladene Träume zu träumen, zur Schaffung einer Ikone führte, die die Landschaft der Automobilgeschichte für immer veränderte.

Kapitel 9: Le Mans: Das Streben nach Ausdauer

Mitte der 1970er Jahre. Porsches Ambitionen waren über die Grenzen der Serienfahrzeuge hinausgegangen und hatten den härtesten Härte- und Technologietest der Welt dominiert: die 24 Stunden von Le Mans. Bei diesem Rennen ging es nicht nur um Geschwindigkeit; Es ging um Widerstandsfähigkeit, Innovation und das unermüdliche Streben nach Perfektion. Für Porsche war der Sieg in Le Mans mehr als nur ein Ziel – es war eine Besessenheit, ein Beweis für ihre Ingenieurskunst und ihren Renngeist.

Im Herzen der Porsche-Rennabteilung liefen die Vorbereitungen für einen monumentalen Angriff auf Le Mans. Die Entwicklung des Porsche 917 hatte das Team sowohl technisch als auch physisch an seine Grenzen gebracht. Dieses Auto war ein Biest der Innovation, mit einem 12-Boxer-Motor, der wie rollender Donner donnerte, und einer Aerodynamik, die mit räuberischer Anmut durch die Luft schnitt.

Die Atmosphäre in der Werkstatt war angespannt und doch elektrisierend, da Ingenieure und Mechaniker rund um die Uhr arbeiteten und jedes Bauteil verfeinerten und testeten. Inmitten dieses Trubels stand Ferdinand Piëch, der brillante und kompromisslose Ingenieur hinter dem Projekt 917. Seine Vision war klar: Die ultimative Rennmaschine zu schaffen, die der Brutalität von Le Mans standhält und als Sieger hervorgeht.

Eines Abends, als die Sonne hinter dem Horizont versank und die Werkstatt in Gold- und Schattentönen tauchte, versammelte Piëch sein Team zu einer letzten Einweisung, bevor er nach Le Mans aufbrach. Die Luft war dick vor Vorfreude, und jedes Gesicht spiegelte die Schwere der bevorstehenden Aufgabe wider.

"Morgen begeben wir uns auf eine Reise, die uns auf eine Art und Weise auf die Probe stellen wird, wie wir noch nie zuvor auf die Probe gestellt wurden", begann Piëch mit fester und gebieterischer Stimme. "Der 917 ist ein Meisterwerk der Ingenieurskunst, eine Symphonie aus Geschwindigkeit und Ausdauer. Aber es liegt in Ihren Händen, unseren Fahrern, unseren Mechanikern, unserem Team, dass sein Schicksal liegt."

Die Reise nach Le Mans war eine Pilgerreise, der Höhepunkt unzähliger Stunden voller Hingabe und harter Arbeit. Als das Team auf dem Circuit de la Sarthe ankam, bot sich dem beängstigenden Anblick der Konkurrenz – Teams aus der ganzen Welt, jedes mit seinen eigenen Träumen vom Sieg.

Das Rennen begann unter einem Himmel, der vom letzten Tageslicht durchzogen war und in der Luft vor Vorfreude elektrisiert war. Die Porsche 917 erwachten zum Leben, ihre Motoren waren eine Kakophonie der Kraft, als sie nach vorne schossen. 24 Stunden lang kämpfte das Team nicht nur gegen seine Rivalen, sondern auch gegen die Elemente, mechanische Ausfälle und die schiere körperliche und mentale Belastung des Rennens.

Die ganze Nacht über herrschte an den Porsche-Boxen reges Treiben, jeder Boxenstopp wurde mit chirurgischer Präzision ausgeführt. Erschöpft und doch entschlossen gingen die Fahrer an ihre Grenzen und für ihre Maschinen.

Als die Morgendämmerung über Le Mans anbrach, fand sich das Porsche-Team in einem Kampf um die Führung wieder: Die 917 duellierten sich mit unerbittlicher Heftigkeit gegen ihre Konkurrenten. Es war ein Spektakel aus Geschwindigkeit und Ausdauer, ein Beweis für das Können und den Geist aller Beteiligten.

Der Höhepunkt des Rennens war ein herzzerreißender Moment, als der führende 917 angeschlagen, aber ungebrochen die Ziellinie überquerte und Porsches Platz in der Geschichte mit einem triumphalen Sieg in Le Mans sicherte. Das Team brach in Freude aus, ihre Emotionen waren eine Mischung aus Erleichterung, Erschöpfung und überwältigendem Stolz.

Piëch, der von der Box aus zuschaute, erlaubte sich ein seltenes Lächeln und folgte dem siegreichen 917 auf seiner Siegerrunde. "Heute haben wir das Unmögliche geschafft", dachte er leise. "Heute haben wir bewiesen, dass Porsche nicht nur ein Automobilhersteller ist. Wir sind Pioniere, Träumer und vor allem Champions."

Der Sieg in Le Mans war mehr als ein Sieg; Es war eine Erklärung für das fortwährende Vermächtnis von Porsche im Motorsport. Es war ein Sieg, der aus dem Feuer der Innovation, der Entschlossenheit und des unerschütterlichen Engagements für Exzellenz geschmiedet wurde. Für Porsche war Le Mans nicht nur ein Rennen. Es war ein Streben nach Ausdauer, eine Herausforderung, die es zu meistern galt, und ein Traum, den es zu verwirklichen galt.

Kapitel 10: Rivalen und Verbündete

Die späten 1970er Jahre läuteten eine Ära ein, in der der Wettbewerb auf der Rennstrecke und auf dem Markt die Innovation in der Automobilindustrie zu neuen Höhen führte. Für Porsche war diese Zeit von erbitterten Rivalitäten und unerwarteten Allianzen geprägt, die die Marke dazu brachten, die Grenzen von Leistung und technischer Exzellenz neu zu definieren.

Im Herzen von Stuttgart-Zuffenhausen, wo die Ingenieurs- und Designteams von Porsche arbeiteten, lag die Luft voller Vorfreude und Zielstrebigkeit. Die globale Automobillandschaft veränderte sich rasant, und die Hersteller wetteiferten um die Vorherrschaft in Bezug auf Geschwindigkeit, Technologie und Stil.

Ferdinand "Ferry" Porsche, der stoische und doch visionäre Anführer von Porsche, verstand, dass sie nicht nur innovativ sein mussten, um an der Spitze zu bleiben, sondern sich manchmal auch mit denen zusammenschließen mussten, gegen die sie antraten. "Im Wettbewerb finden wir die wahrhaftigste Form der Innovation", bemerkte er oft, den Blick auf den Horizont der automobilen Evolution gerichtet.

Die Rivalität mit Ferrari war die geschichtsträchtigste, ein Kampf der Philosophien ebenso wie der Maschinen. Während Porsche Effizienz, Innovation und die Reinheit der Technik schätzte, brachte Ferrari Leidenschaft, Kraft und italienisches Flair in die Gleichung ein. Die Rennstrecken der Welt waren ihre Schlachtfelder, von den Langstreckenrennen in Le Mans bis zu den Hochgeschwindigkeitsherausforderungen der Formel 1.

Bei einem Höhepunkt des Treffens in der Porsche-Zentrale wurde über den nächsten Sprung in der Automobiltechnik diskutiert. "Wir stehen an einem Scheideweg", erklärte Hans Mezger, das Ingenieursgenie hinter vielen der größten Triumphe von Porsche. "Unsere Rivalen ruhen sich nicht aus, und wir können es auch nicht. Wir müssen nicht nur ihre Erwartungen, sondern auch unsere eigenen übertreffen."

Zu diesem Zeitpunkt kam ein unerwartetes Angebot von einem der langjährigen Konkurrenten von Porsche, der eine Zusammenarbeit an einer neuen Motorentechnologie anbot, die möglicherweise einen neuen Standard für Leistung und Effizienz setzen könnte. Der Raum verstummte, die Schwere des Antrags hing wie eine aufgeladene Wolke in der Luft.

Nach einem Augenblick des Nachdenkens brach Ferry das Schweigen. "Manchmal müssen wir, um voranzukommen, uns mit denen zusammenschließen, die uns am meisten herausfordern. Lassen Sie uns dieses Bündnis nicht als Kapitulation betrachten, sondern als Beweis für unser Engagement für Exzellenz, egal wohin es uns führt."

Die Zusammenarbeit war bahnbrechend, eine Vereinigung von Köpfen und Geistern, die traditionell in Konkurrenz zueinander stehen. Gemeinsam entwickelten sie einen neuen Motor, der nicht nur die nächste Generation der Porsche-Sportwagen antreiben sollte, sondern auch die Möglichkeiten des Automobilbaus neu definierte.

Die Enthüllung dieser neuen Technologie war ein Moment des Triumphs, nicht nur für Porsche, sondern auch für den Geist der Zusammenarbeit im Wettbewerb. Auf der Pressekonferenz stand Ferry an der Seite seiner ehemaligen

Rivalen, die heute Partner in Sachen Innovation sind. "Heute feiern wir nicht nur einen neuen Motor, sondern eine neue Ära der Zusammenarbeit im Streben nach Exzellenz", verkündete er mit Stolz und Hoffnung in der Stimme.

Die Auswirkungen dieser Allianz fanden in der gesamten Automobilwelt Widerhall und forderten andere Hersteller heraus, ihre Strategien zu überdenken und in einigen Fällen eigene Kooperationen zu suchen. Die Bereitschaft von Porsche, mit einem Konkurrenten zusammenzuarbeiten, war ein mutiger Schritt, der sich in Form von technologischem Fortschritt und Markterfolg auszahlte.

Während sich Porsche weiterentwickelte und sich den Rivalen auf der Rennstrecke und im Showroom stellte, taten sie dies mit einem neuen Zielbewusstsein. Sie hatten gezeigt, dass Rivalen zu Verbündeten werden können, dass Wettbewerb zu Zusammenarbeit führen kann und dass das Streben nach Exzellenz eine Reise ist, die man am besten teilt.

In den Annalen der Automobilgeschichte steht dieses Kapitel der Porsche-Geschichte als Zeugnis für die Kraft der Innovation, den Wert der Rivalität und das transformative Potenzial unerwarteter Allianzen. Es war eine Zeit, die Porsche nicht nur als Hersteller von Weltklasse-Sportwagen definierte, sondern auch als Vorreiter des Fortschritts im unermüdlichen Streben nach Perfektion.

Kapitel 11: Technik und Tradition

Zu Beginn der 1980er Jahre befand sich Porsche an einem
entscheidenden Punkt, an dem er auf Messers Schneide
zwischen der Würdigung seines reichen Erbes und der
Umarmung der Neulandgebiete des technologischen
Fortschritts balancierte. Die Welt veränderte sich rasant, und
die digitale Technologie begann, die Automobillandschaft
neu zu gestalten. Im Stuttgarter Zuffenhausen, dem Kernland
von Porsche, war diese Ära des Übergangs Herausforderung
und Chance zugleich.

Das Porsche-Forschungs- und Entwicklungszentrum war ein
reges Treiben, in dem Ingenieure und Designer Tradition
und Technologie miteinander verbanden, geleitet von dem
Grundsatz, dass Innovation niemals die Seele eines Porsche
beeinträchtigen sollte. Im Mittelpunkt dieses Wirbelsturms
stand Helmut Bott, der visionäre Leiter der Forschung und
Entwicklung, ein Mann, dessen Leidenschaft für Technologie
nur von seiner Ehrfurcht vor dem Erbe von Porsche
übertroffen wurde.
Eines frischen Morgens, als das erste Licht der
Morgendämmerung in die weitläufige Anlage eindrang,
berief Bott ein Treffen mit seinen Top-Ingenieuren und
Designern ein. Die Agenda war klar: Die Zukunft von Porsche
sollte in einem Zeitalter entworfen werden, in dem Computer
und Elektronik eine zentrale Rolle im Design und in der
Leistung von Autos zu spielen begannen.

"Wenn wir an der Schwelle zu einer neuen Ära stehen",
begann Bott mit einer Stimme, die von der Schwere des
Augenblicks widerhallte, "müssen wir uns fragen, wie wir
Spitzentechnologie integrieren können, ohne die Essenz

dessen zu verlieren, was einen Porsche wirklich zu einem Porsche macht."

Der Raum war gefüllt mit den klügsten Köpfen der Automobilindustrie, die alle mit der Dichotomie von Innovation und Tradition ringen. Es folgten Diskussionen, Ideen und Debatten, aber der rote Faden blieb bestehen: Jeder technologische Fortschritt muss das Fahrerlebnis verbessern, nicht überschatten.

Das Gespräch drehte sich um die Entwicklung des Porsche 959, ein Projekt, das genau das Dilemma verkörperte, mit dem sie zu kämpfen hatten. Der 959 mit seinem revolutionären Allradantrieb, dem Biturbomotor und der ausgefeilten Aerodynamik sollte ein Paradebeispiel dafür sein, was möglich ist, wenn Technologie der Tradition dient.

"Wir bauen nicht nur ein Auto", erklärte Bott und sein Blick schweifte durch den Raum, "wir schaffen ein Zeugnis für unsere Fähigkeit, Grenzen zu überschreiten und gleichzeitig unseren Wurzeln treu zu bleiben. Der 959 wird unsere Brücke zwischen Vergangenheit und Zukunft sein."

Die Entwicklung des 959 war eine monumentale Anstrengung, eine Symphonie aus Technik und Design, die das Erbe von Porsche aufgriff und in die Zukunft projizierte. Unermüdlich arbeiteten die Ingenieure an der Kalibrierung der komplexen Systeme, während die Konstrukteure dafür sorgten, dass jede Linie, jede Kurve unverkennbar Porsche blieb.

Der Höhepunkt dieses Unterfangens fiel an einem von Vorfreude umhüllten Tag, als der erste 959 vom Band lief. Es war mehr als nur ein Auto; Es war ein Statement, ein Stück Geschichte und ein Blick in die Zukunft. Bott, der vor dem versammelten Team stand, konnte seine Rührung nicht verbergen.

"Heute feiern wir nicht nur die Fertigstellung eines Projekts, sondern die Fortsetzung eines Vermächtnisses", sagte er mit stolzer Stimme. "Der 959 ist der Beweis dafür, dass wir die Zukunft annehmen können, ohne unsere Vergangenheit aufzugeben. Es ist die Verkörperung von Technologie und Tradition, die in Harmonie leben."

Der Porsche 959 wurde zu einer Legende, zu einem Leuchtturm dessen, was möglich war, wenn Innovation auf Erbe traf. Er setzte neue Maßstäbe in automobiler Leistung und Technik, während sein Design typisch Porsche blieb.

In den Annalen der Porsche-Geschichte war die Ära des 959 ein Beweis für die Fähigkeit des Unternehmens, die Komplexität des Fortschritts zu bewältigen, seine Vergangenheit zu ehren und gleichzeitig mutig in die Zukunft zu gehen. Es war eine Zeit, die Porsches Ruf nicht nur als Hersteller von Sportwagen, sondern auch als Avantgarde der Automobilindustrie festigte, eine Marke, bei der Technologie und Tradition ein zartes, aber großartiges Ballett tanzten.

Kapitel 12: Krise und Strategie

Die frühen 1990er Jahre waren turbulente Zeiten für die Automobilindustrie, mit wirtschaftlichen Abschwüngen und sich ändernden Marktanforderungen, die selbst die traditionsreichsten Hersteller vor Herausforderungen stellten. Porsche war vor diesen Prüfungen nicht gefeit. Die Verkäufe begannen einzubrechen, und die Marke stand vor einer der gefährlichsten Zeiten ihrer Geschichte. Die Seele von Porsche stand auf dem Spiel, als das Unternehmen darum kämpfte, seine Identität inmitten der Notwendigkeit der Evolution zu bewahren.

Im Herzen Stuttgarts, in einem Sitzungssaal, in dem viele Porsche-Triumphe miterlebt worden waren, fand eine entscheidende Sitzung statt. Am Kopfende des Tisches saß Wendelin Wiedeking, der neu ernannte CEO, ein Mann, dessen jugendliches Äußeres über eine stählerne Entschlossenheit und einen visionären Geist hinwegtäuschte. Um ihn herum versammelten sich die Top-Manager von Porsche, die jeweils die Last der Zukunft des Unternehmens auf ihren Schultern trugen.

"Die Herausforderungen, vor denen wir stehen, sind wie keine anderen", begann Wiedeking mit unerschütterlichem Blick. "Aber ich glaube, dass in diesen Herausforderungen die Saat unseres Wiederaufstiegs liegt. Wir müssen rationalisieren, innovativ sein und vor allem dem treu bleiben, was einen Porsche zu einem Porsche macht."

Der Raum war ein Schmelztiegel der Spannungen und des Potenzials, in dem Strategien diskutiert und Pläne geschmiedet wurden. Die Luft war aufgeladen mit der

Schwere des Augenblicks, mit dem Verständnis, dass Scheitern keine Option war.

Die erste Aufgabe bestand darin, die Ineffizienzen zu beseitigen, die sich in die Produktionsprozesse von Porsche eingeschlichen hatten. Wiedeking führte revolutionäre Veränderungen ein und führte schlanke Fertigungstechniken ein, die nicht nur die Kosten senken, sondern auch die Qualität verbessern sollten. Es war ein mutiger Schritt, der nicht nur strukturelle Veränderungen, sondern auch einen kulturellen Wandel innerhalb des Unternehmens erforderte.

Als nächstes ging es darum, die Attraktivität von Porsche zu erhöhen. Die Einführung des Boxster war ein Wagnis – ein erschwinglicherer Porsche, der die markentypische Leistung und das markentypische Design beibehielt. Es war ein Stück für eine neue Generation von Enthusiasten und ein Versuch, die Herzen und Köpfe eines breiteren Publikums zu erobern.

Als die Pläne in die Tat umgesetzt wurden, begann sich die Stimmung bei Porsche zu verändern. Die Skepsis wich einem vorsichtigen Optimismus, dann einer aufkeimenden Zuversicht. Die Belegschaft sammelte sich, angetrieben von einem neuen Sinn für Ziele und der Erkenntnis, Teil von etwas Bedeutendem zu sein.

Den Höhepunkt dieser Wende bildete die Enthüllung des Boxster. Die Welt hielt den Atem an, als die Abdeckung gelüftet wurde und ein Auto zum Vorschein kam, das unverkennbar Porsche war – schnittig, wendig und versprach die offene Straße.

Wiedeking, der die Reaktion der Welt beobachtete, fühlte eine Welle des Stolzes. "Heute beginnt ein neues Kapitel für Porsche", erklärte er seinem Team mit überzeugter Stimme. "Wir haben uns unseren Herausforderungen gestellt und sind nicht nur unversehrt, sondern gestärkt daraus hervorgegangen. Der Boxster ist nicht nur ein Auto; Es ist ein Statement – eine Erklärung, dass Porsche auch in Zukunft das Tempo vorgeben, innovativ sein und inspirieren wird."

Der Erfolg des Boxster und die von Wiedeking eingeleiteten Reformen legten den Grundstein für den bemerkenswerten Wiederaufstieg von Porsche. Die Verkäufe erholten sich, und die Marke nahm wieder ihren Platz an der Spitze der Automobilwelt ein.

Diese Periode in der Geschichte von Porsche war mehr als eine unternehmerische Wende; Es war eine erneute Bestätigung der Widerstandsfähigkeit der Marke, ihrer Fähigkeit, sich anzupassen, ohne ihre Essenz zu verlieren. Es war ein Beweis für die Kraft des strategischen Denkens, der Führung und einer Gemeinschaft, die durch die Leidenschaft für Exzellenz vereint ist.

In den Annalen der geschichtsträchtigen Vergangenheit von Porsche erinnern die Krise und die Strategie der frühen 1990er Jahre daran, dass selbst im Angesicht von Widrigkeiten der Innovationsgeist, das Streben nach Perfektion und die Liebe zum Antrieb die größten Herausforderungen meistern können.

Kapitel 13: Die Supersportwagen-Ära

Als sich das neue Jahrtausend näherte, war die Automobilwelt von einem fieberhaften Streben nach Leistung, Geschwindigkeit und Exklusivität erfasst. Die Ära des Supersportwagens brach an, und Porsche mit seinem reichen Erbe an Innovation und Leistung war bereit, diesem aufregenden neuen Kapitel einen unauslöschlichen Stempel aufzudrücken. Die Bühne war bereitet für die Entstehung einer Legende – des Porsche Carrera GT.

In den Ingenieurshallen von Weissach, der Ideenschmiede von Porsche und dem Herzstück des Rennsport-Erbes, versammelte sich ein Team der klügsten Köpfe der Marke. Sie wurden mit einer Mission beauftragt, die ebenso beängstigend wie aufregend war: einen Supersportwagen zu schaffen, der nicht nur die Erwartungen der anspruchsvollsten Enthusiasten übertrifft, sondern auch den Höhepunkt der Ingenieurskunst von Porsche verkörpert.

Geleitet wurde das Projekt von Michael Hölscher, einem Mann, der als Name für automobile Exzellenz stand. Unter seiner Führung begab sich das Team auf eine Reise, die sowohl eine technische Odyssee als auch eine Hommage an das Rennsporterbe von Porsche war.

"Der Carrera GT muss mehr als schnell sein. Es muss eine Symphonie aus Technik, Design und Emotion sein", verkündete Hölscher in einer Sitzung, die von der elektrisierenden Vorfreude auf die Kreation geprägt war. "Wir werden aus unseren Siegen in Le Mans, vom 959 bis zum 917, schöpfen, um jede Linie, jede Kurve und jedes Bauteil zu inspirieren."

Der Entwicklungsprozess war eine Meisterklasse in Sachen Innovation. Als Herzstück des Carrera GT wählte das Team einen ursprünglich für den Rennsport entwickelten V10-Motor. Sein Fahrwerk sollte ein Wunderwerk der Leichtbautechnologie sein, gefertigt aus Kohlefaser, einem Material, das nicht nur Geschwindigkeit, sondern auch eine unvergleichliche Verbindung zwischen Fahrer, Auto und Straße versprach.

Als der Carrera GT Gestalt annahm, stand das Team vor unzähligen Herausforderungen. Jedes Problem verlangte nach Lösungen, die nicht in Lehrbüchern oder Handbüchern zu finden waren, sondern im Schmelztiegel der Kreativität und Erfahrung geschmiedet wurden. Die Ingenieure und Designer arbeiteten Hand in Hand, ihre Zusammenarbeit war ein Tanz aus Form und Funktion.

Der Höhepunkt ihrer Bemühungen war eine Testfahrt, die sich in das Gedächtnis aller einbrennen sollte, die sie miterlebten. An einem Morgen, der klar und hell anbrach, erwachte der Carrera GT zum Leben, sein Motor war ein donnerndes Versprechen der Kraft, die in ihm steckte. Walter Röhrl, der legendäre Testfahrer von Porsche, saß am Ruder, die Hände ruhig und die Augen vom Feuer einer neuen Herausforderung entflammt.

Als Röhrl den Carrera GT an seine Grenzen brachte, reagierte das Auto mit einer Anmut und Wildheit, die atemberaubend war. Es war ein Biest voller Schönheit, jede Kurve und Beschleunigung war ein Beweis für die Vision und das Engagement des Teams. Als Röhrl das Auto zurückbrachte, war sein Lächeln alles, was das Team sehen musste.

"Wir haben etwas Außergewöhnliches geschaffen", erklärte Hölscher, und Stolz schwingt in jedem Wort mit. "Der Carrera GT ist nicht nur ein Auto. Es ist das manifestierte Herz und die Seele von Porsche. Es ist unser Stempel in der Supersportwagen-Ära."

Die Markteinführung des Carrera GT wurde mit großem Beifall bedacht, der auf der ganzen Welt widerhallte. Er wurde als Meisterwerk der Automobiltechnik gefeiert, ein Supersportwagen, der Kraft, Schönheit und Emotion auf eine Weise vereinte, wie es nur Porsche konnte.

Das Vermächtnis des Carrera GT war mehr als seine Geschwindigkeit oder seine Auszeichnungen. Es war ein Leuchtturm für das anhaltende Engagement von Porsche, die Grenzen des Möglichen zu erweitern. Im Pantheon der Automobilgeschichte stand er als Monument für den Innovationsgeist und das unermüdliche Streben nach Perfektion, die Porsche seit jeher antreiben.

In dieser Ära der Supersportwagen hatte Porsche nicht nur an Wettkämpfen teilgenommen; Es hatte überlebt und eine Legende geschaffen, die kommende Generationen inspirieren sollte, ein Zeugnis für die Kraft der Träume, die Entschlossenheit und das unermüdliche Streben nach Exzellenz.

Kapitel 14: In die Zukunft: Der elektrische Traum

Der Anbruch des 21. Jahrhunderts brachte einen Paradigmenwechsel in der Automobilindustrie mit sich, einen Schritt in Richtung Nachhaltigkeit und Elektrifizierung, der Innovation und Vision erforderte. Porsche stand mit seinem Erbe an Leistung und technischer Exzellenz an der Spitze dieser Revolution und war bereit, mit der Entwicklung des Taycan, dem ersten vollelektrischen Sportwagen der Marke, die Zukunft zu gestalten.

In einer hochmodernen Anlage am Stadtrand von Stuttgart versammelte sich ein Team der besten Ingenieure und Designer von Porsche unter der Leitung des ehrgeizigen Stefan Weckbach unter dem Banner des Project Taycan. Die Luft war von einem spürbaren Gefühl der Zielstrebigkeit erfüllt, und das Team war sich der monumentalen Aufgabe, die vor ihm lag, voll bewusst.

"Wir bauen nicht nur ein Elektroauto", wandte sich Weckbach an sein Team, sein Blick schweifte durch den Raum und fesselte die ungeteilte Aufmerksamkeit seiner Zuhörer. "Wir gestalten die Zukunft von Porsche, ein Fahrzeug, das unser Erbe der Leistung verkörpern und gleichzeitig das Umweltethos der Zeit verinnerlicht. Der Taycan wird unser Vermächtnis sein."

Die Entwicklung des Taycan war eine Reise durch Neuland und Durchbrüche. Das Team meisterte jede Herausforderung mit einer Mischung aus Innovation, die in der Rennsporttradition von Porsche verwurzelt ist, und einem zukunftsorientierten Technologieansatz. Der elektrische Antriebsstrang sollte unmittelbare Leistung liefern, ohne auf das herzergreifende Fahrerlebnis zu verzichten, das für den Namen Porsche steht.

Als der Prototyp Gestalt annahm, wurde er zu einer Verschmelzung von Tradition und Futurismus. Sein Design war schlank, seine Linien erinnerten an die geschichtsträchtige Geschichte von Porsche und waren dennoch unbestreitbar modern. Das Interieur war ein Cockpit der Zukunft, in dem Luxus auf die neueste digitale Technologie traf – ein Beweis für das Engagement von Porsche für Innovation.

Der Höhepunkt der Bemühungen von Project Taycan fiel an einem kühlen Morgen auf dem Nürburgring, der anspruchsvollsten Rennstrecke der Welt, auf der Porsche unzählige Siege eingefahren hatte. Der Taycan mit seinem leisen und zugleich potenten Elektromotor sollte beweisen, dass ein elektrischer Porsche immer noch die gleiche Begeisterung hervorrufen kann wie seine benzinbetriebenen Vorgänger.

Am Steuer saß Neel Jani, ein Fahrer, dessen Name in die Rennannalen von Porsche eingebrannt ist. Als der Taycan nach vorne stürmte und seine Elektromotoren ihr volles Potenzial entfalteten, war es, als wäre die Zukunft gekommen. Das Auto tanzte durch die Kurven, seine Beschleunigung war atemberaubend, sein Handling präzise und intuitiv.

Als Jani die Ziellinie überquerte, brach das Team in Jubel aus, und ihr jahrelanges Engagement manifestierte sich in einem Fahrzeug, das selbst ihre höchsten Erwartungen übertraf. "Wir haben es geschafft", rief Jani aus, als er aus dem Taycan stieg, und seine Stimme hallte vom Triumph des Augenblicks wider. "Das ist nicht irgendein Auto; es ist ein Porsche durch und durch."

Weckbach, der den Erfolg des Taycan-Prozesses miterlebte, wusste, dass sie etwas Außergewöhnliches erreicht hatten. "Heute haben wir nicht nur ein neues Auto vorgestellt", sagte er, und seine Augen leuchteten vor dem Versprechen der Zukunft. "Wir haben eine neue Ära für Porsche eingeläutet, in der Leistung und Nachhaltigkeit nebeneinander existieren. Der Taycan ist unser verwirklichter elektrischer Traum, ein Leuchtturm auf unserem Weg in eine sauberere, schnellere Zukunft."

Die Markteinführung des Taycan markierte einen Wendepunkt in der Geschichte von Porsche, einen mutigen Schritt in die elektrifizierte Zukunft des Automobils. Es war ein Statement für die Fähigkeit von Porsche, sich anzupassen, innovativ zu sein und in einer Branche führend zu sein, die sich in einem tiefgreifenden Wandel befindet. Mit dem Taycan hatte Porsche mehr als ein Elektrofahrzeug geschaffen; Er hatte neu definiert, was ein elektrischer Sportwagen sein könnte, indem er Leistung, Luxus und Nachhaltigkeit zu einem Paket verschmolz, das unverkennbar Porsche war.

Als Porsche den Blick auf den Horizont richtete, war der Taycan ein Zeugnis für das fortwährende Vermächtnis der Marke und ihr Engagement für die Zukunft, eine Zukunft, in der der Nervenkitzel des Fahrens und die Verantwortung gegenüber dem Planeten nicht mehr im Widerspruch zueinander, sondern in perfekter Harmonie stehen.

Kapitel 15: Die Porsche-Familiensaga

Die Jahrtausendwende war für Porsche nicht nur eine Zeit der technologischen Innovation. Es war auch eine Zeit der Reflexion über das Vermächtnis und die Zukunft der Porsche-Familie selbst. Die Wurzeln des Unternehmens, die tief mit der Porsche-Piëch-Familie verwoben sind, waren sowohl eine Quelle der Stärke als auch ein komplexes Erbe, das eine sorgfältige Führung erforderte, um den anhaltenden Erfolg der Marke zu gewährleisten.

In einem abgelegenen Anwesen am Stadtrand von Stuttgart fand eine Zusammenkunft statt, die ihresgleichen suchte. Mitglieder der Familie Porsche-Piëch, von denen jeder das Gewicht des Erbes des Unternehmens trägt, kamen unter den alten Eichen zusammen, die den Aufstieg, die Prüfungen und Triumphe der Familie miterlebt hatten.

An der Spitze der Versammlung stand Wolfgang Porsche, der angesehene Patriarch, dessen Anwesenheit Respekt einflößte. Seine Augen, die die Marke durch Jahrzehnte des Wandels geführt hatten, spiegelten ein tiefes Verständnis für die Verantwortung wider, die mit seinem Namen einherging.

"Meine Familie", begann Wolfgang mit einer Stimme, die von der Schwere der Geschichte widerhallte, "wir sind hier nicht nur als Erben eines Vermächtnisses versammelt, sondern als Hüter einer Vision, die Generationen überdauert. Die Welt schaut auf Porsche, wenn es um Innovation, um Leistung und um eine Leidenschaft geht, die heute so hell brennt wie im Herzen unseres Gründers Ferdinand Porsche."

Die Luft war dick von der Erwartung der Entscheidungen, die

getroffen werden mussten, der Wege, die gewählt werden mussten. Es entfalteten sich Diskussionen, und jede Stimme trug zum gemeinsamen Schicksal der Familie bei. Es gab Debatten, Momente der Spannung, die die unterschiedlichen Visionen innerhalb der Familie ansprachen, aber hinter allem verbarg sich ein verbindendes Bekenntnis zum Namen Porsche.

Fritzi Porsche, ein junger Ingenieur und jüngstes Mitglied des Vorstands, trat vor. Ihre Jugend täuschte über einen scharfen Intellekt und eine Vision hinweg, die eine Brücke zwischen Vergangenheit und Zukunft schlug. "Wir stehen an der Spitze einer neuen Ära", sagte sie und zog damit die Aufmerksamkeit ihrer Älteren auf sich. "Eine Zeit, in der unser Engagement für Innovation auch unsere Verantwortung für den Planeten widerspiegeln muss. Der Taycan ist erst der Anfang. Wir müssen nicht nur bei der Leistung, sondern auch bei der Nachhaltigkeit führend sein."

Die Versammelten hörten aufmerksam zu, als Fritzi ihre Vision für die Zukunft von Porsche skizzierte, eine Zukunft, die das Rennsporterbe des Unternehmens ehrt und gleichzeitig die dringenden Bedürfnisse des Umweltschutzes berücksichtigt. Ihre Worte hallten wider und weckten ein Gefühl von Stolz und Zielstrebigkeit.

Als sich das Treffen dem Ende zuneigte, stand Wolfgang Porsche noch einmal da und schweifte über seine Familie. "Heute haben wir unser Bekenntnis zum Porsche-Erbe bekräftigt", erklärte er. "Ein Vermächtnis, bei dem es nicht nur um die Autos geht, die wir bauen, sondern auch um die Werte, die wir hochhalten. Unser Weg in die Zukunft wird von Innovation, Verantwortung und einem unerschütterlichen Engagement für Exzellenz geleitet werden."

Die Familie stand zusammen, vereint durch ein neues Zielbewusstsein. Die Entscheidungen, die an diesem Tag getroffen wurden, sollten die Weichen für die Zukunft von Porsche stellen und sicherstellen, dass die Marke weiterhin gedeihen würde, angetrieben von der gleichen Leidenschaft und Vision, die sie von Anfang an geprägt hatte.

Die Porsche-Familiensaga mit ihrer Mischung aus Tradition und Innovation war ein Beleg für die anhaltende Stärke der Verbundenheit zwischen Familie und Unternehmen. Es war eine Erinnerung daran, dass im Mittelpunkt des Erfolgs von Porsche nicht nur Ingenieurskunst oder hervorragende Designqualität standen, sondern auch ein Vermächtnis von Engagement, Vision und Einheit, das die Marke in die Zukunft tragen sollte.

Als sich die Familie zerstreute und das Anwesen wieder still wurde, standen die uralten Eichen Wache, stumme Zeugen des jüngsten Kapitels der Porsche-Geschichte – einer Geschichte, die wie die Eichen selbst in der Vergangenheit verwurzelt war, aber immer in die Zukunft reichte.

Kapitel 16: Die Entwicklung der Erfahrung

In den frühen 2000er Jahren war Porsche nicht nur ein Automobilhersteller, sondern auch ein Kurator von Erfahrungen, der Momente schuf, die über den Akt des Fahrens hinausgingen. In dieser Zeit erweiterte Porsche seinen Horizont und stieß in neue Gefilde vor, die eine Vertiefung der Bindung zwischen der Marke und ihrer leidenschaftlichen Anhängerschaft versprachen. Die Gründung des Porsche Experience Centers (PEC) war ein Beleg für diese Vision – ein Ort, an dem das Ethos von Porsche gelebt werden konnte.

Am Stadtrand von Leipzig nahm eine hochmoderne Anlage Gestalt an, ein weitläufiger Komplex, der viel mehr werden sollte als eine Rennstrecke oder ein Ausstellungsraum. Es war die Manifestation des Engagements von Porsche, ein immersives Erlebnis zu schaffen, bei dem Enthusiasten das Erbe der Marke in Bezug auf Leistung und Innovation nicht nur miterleben, sondern sich aktiv damit auseinandersetzen konnten.

Andreas Haffner, der Visionär hinter dem PEC-Konzept, stand an einem kühlen Morgen mit Blick auf die Baustelle. Die Sonne warf lange Schatten auf das entstehende Bauwerk, ein Symbol für Porsches Reise von einer geschichtsträchtigen Vergangenheit in eine Zukunft voller Möglichkeiten.

"Wir bauen hier mehr als nur eine Anlage", sinnierte Haffner zu seinem Team, das sich um ihn versammelt hatte und in dem jedes Mitglied seine Vorfreude teilte. "Wir schaffen ein Erlebnis, das die Essenz von Porsche einfängt. Unsere Gäste werden nicht nur unsere Autos sehen; Sie werden den Nervenkitzel spüren, sie zu fahren, und die Leidenschaft verstehen, die in jedes Design, jede technische Entscheidung einfließt."

Das Team bestand aus Ingenieuren, Designern und Markenspezialisten, die alle aufgrund ihrer Expertise und ihres gemeinsamen Engagements für das Porsche-Ethos ausgewählt wurden. Gemeinsam entwarfen, planten und realisierten sie jedes Detail des PEC, vom Layout der Strecke bis hin zum Design der interaktiven Exponate, die die Geschichte von Porsche erzählen sollten.

Als sich das Porsche Experience Center der Fertigstellung näherte, erreichte die Begeisterung in der Porsche-Community einen Höhepunkt. Es wurden Einladungen an treue Kunden, Enthusiasten und Medien verschickt, die eine Enthüllung versprachen, die ein neues Kapitel in der Porsche-Geschichte aufschlagen würde.

Die feierliche Eröffnung war ein Spektakel, das die Fantasie aller Anwesenden beflügelte. Die Gäste wurden vom Anblick ikonischer Porsche-Modelle begrüßt, die den Eingang säumten und jeweils ein Kapitel in der reichen Geschichte der Marke darstellten. Aber es war die Strecke, die die Zuschauer anzog, eine akribisch gestaltete Strecke, die einen Vorgeschmack darauf bot, was Porsche-Autos in den Händen derer leisten konnten, die sie liebten.

Haffner, der die Freude und Begeisterung in den Gesichtern der Gäste sah, als sie auf die Strecke gingen, wusste, dass sie erreicht hatten, was sie sich vorgenommen hatten. "Heute haben wir nicht nur ein Zentrum eröffnet", wandte er sich mit

Stolz in der Stimme an die versammelte Menge. "Wir haben die Tür zur Porsche-Welt geöffnet und laden Sie ein, den Nervenkitzel, die Leidenschaft und das Vermächtnis zu erleben, die uns ausmachen."

Das Porsche Experience Center wurde zu einer Pilgerstätte für Enthusiasten, zu einem Ort, an dem die Verbundenheit zwischen Fahrer und Maschine gefeiert und gepflegt wurde. Es war ein Beweis für das Verständnis von Porsche, dass ihre Autos nicht nur Fahrzeuge waren, sondern Gefäße einer Erfahrung, die instinktiv, aufregend und zutiefst persönlich war.

In den folgenden Jahren schlossen sich dem PEC in Leipzig weitere auf der ganzen Welt an, die alle einzigartig waren, aber in ihrem Ziel vereint waren: das Porsche-Erlebnis für alle, die durch ihre Türen traten, zum Leben zu erwecken. In diesen Zentren entwickelte Porsche nicht nur Autos, sondern auch Erlebnisse und schuf Momente, die die Marke nicht nur in den Köpfen der Kunden, sondern auch in ihren Herzen verankerten.

Kapitel 17: Globale Expansion

Zu Beginn des 21. Jahrhunderts stand Porsche an der Schwelle zu einer neuen Ära und war bereit, seine Präsenz auf globaler Ebene auszubauen. Bei diesem Ziel ging es nicht nur darum, den Umsatz zu steigern; Es ging darum, die Porsche-Philosophie mit Enthusiasten auf der ganzen Welt zu teilen und die Marke zu einem globalen Symbol für Exzellenz in Automobiltechnik und -design zu machen.

Die Vorstandsetage in Stuttgart war Schauplatz vieler strategischer Diskussionen, aber vor allem ein Treffen sollte die Weichen für die globale Reise von Porsche stellen. Am Kopfende des Tisches saß Oliver Blume, Vorstandsvorsitzender der Porsche AG, eine Führungspersönlichkeit, deren Vision für die Marke mit seinem Verständnis für die Komplexität des globalen Marktes übereinstimmte.

"Heute stellen wir nicht nur die Weichen auf Wachstum, sondern machen Porsche zu einem globalen Botschafter für Performance, Innovation und Nachhaltigkeit", wandte sich Blume an sein Führungsteam. "Unsere Autos sind mehr als Maschinen. Sie sind die Verkörperung unserer Geschichte, unserer Leidenschaft und unseres Engagements für Spitzenleistungen. Es ist an der Zeit, dass wir dies mit der Welt teilen."

Die Strategie war vielschichtig: Der Aufbau neuer Produktionsstätten, der Eintritt in aufstrebende Märkte und der Aufbau von Partnerschaften, die die globale Präsenz von Porsche stärken und gleichzeitig die exklusive Attraktivität der Marke bewahren sollten. Jede Führungskraft legte Pläne für ihre jeweiligen Regionen vor, von Nordamerika bis Asien, und jeder Vorschlag war ein Teil des globalen Puzzles.

Besonders bedeutend war die Expansion nach China. Als Markt mit immensem Potenzial ging Porsche ihn mit einer Mischung aus Respekt und Ehrgeiz an. Das Shanghai Porsche Experience Center, das als Leuchtturm der Markenphilosophie gedacht war, sollte der Eckpfeiler dieses Vorhabens sein.

Li Qiang, der zum Leiter von Porsche China ernannt wurde, trug maßgeblich dazu bei, sich in diesem neuen Markt zurechtzufinden. "Chinas Begeisterung für Luxus- und Performance-Autos ist unübertroffen", erklärte Li während des Treffens. "Aber um erfolgreich zu sein, müssen wir mehr als nur Autos anbieten. Wir müssen unsere Kunden in das Porsche-Erlebnis eintauchen lassen und sie zu einem Teil unseres geschichtsträchtigen Erbes machen."

Mit der Ausweitung der globalen Präsenz von Porsche wuchs auch das Engagement für kulturelle Sensibilität und Nachhaltigkeit. Es wurden Initiativen ins Leben gerufen, die sicherstellen sollen, dass jeder Porsche-Standort, unabhängig vom Standort, die höchsten Umweltstandards einhält und damit das Engagement der Marke für eine nachhaltige Zukunft widerspiegelt.

Die globale Expansion war nicht ohne Herausforderungen. Konjunkturelle Schwankungen, regulatorische Hürden und die Aufgabe, in einem wachsenden Markt die Markenexklusivität zu wahren, stellten Porsches Entschlossenheit auf die Probe. Aber unter Blumes Führung meisterte das Unternehmen diese Herausforderungen mit strategischer Weitsicht und unerschütterlichem Engagement für seine Kernwerte.

Den Höhepunkt dieser Weltreise bildete die Eröffnung des Shanghai Porsche Experience Centers. Die Veranstaltung war nicht nur eine Feier des Eintritts von Porsche in den chinesischen Markt, sondern auch des Aufstiegs von Porsche zu einer wahrhaft globalen Marke. Gäste aus der ganzen Welt versammelten sich, vereint durch ihre Leidenschaft für Porsche, und erlebten die Enthüllung einer Anlage, die das Wesen der Marke verkörperte.

Blume wandte sich an die versammelte Menge und sprach von der Reise und der Zukunft. "Der heutige Tag markiert einen Meilenstein in der Geschichte von Porsche", erklärte er mit bewegter Stimme. "Unsere globale Expansion ist mehr als eine Geschäftsstrategie. Es ist ein Teilen unserer Leidenschaft, unseres Erbes und unserer Vision für die Zukunft. Porsche ist längst nicht mehr nur eine deutsche Marke; Es ist eine globale Gemeinschaft, die durch die Liebe zum Fahren, zur Innovation und zum Streben nach Exzellenz vereint ist."

Die globale Expansion von Porsche war ein Beweis für die Fähigkeit der Marke, sich anzupassen und in einer sich verändernden Welt erfolgreich zu sein. Es war eine Strategie, die über Autos hinausging, neue Kulturen, neue Herausforderungen und neue Möglichkeiten umfasste und Porsche nicht nur zu einem Symbol für automobile Exzellenz machte, sondern zu einem globalen Botschafter für eine Leidenschaft, die keine Grenzen kennt.

Kapitel 18: Nachhaltigkeit und Innovation

In dem weitläufigen, hochmodernen Entwicklungszentrum in Weissach wurde die Zukunft von Porsche nicht nur auf Geschwindigkeit und Luxus, sondern auch auf Nachhaltigkeit und Innovation geschrieben. Die Automobilwelt entwickelte sich rasant, wobei Umweltaspekte im Mittelpunkt standen, und Porsche war entschlossen, diese neue Ära anzuführen.

An der Spitze dieser transformativen Reise stand Albrecht Reimold, Vorstand für Produktion und Logistik. Unter seiner Führung startete Porsche die mutige Mission, Nachhaltigkeit in jede Facette seiner Geschäftstätigkeit zu integrieren, von der Herstellung bis zum Endprodukt.

"Wir befinden uns an einem entscheidenden Punkt in der Geschichte des Automobils", wandte sich Reimold an sein Team aus Ingenieuren und Designern in einem hochmodernen, lichtdurchfluteten Konferenzraum. "Porsche ist seit jeher ein Synonym für Performance und Innovation. Jetzt fügen wir diesen Merkmalen Nachhaltigkeit hinzu und leisten Pionierarbeit für eine Zukunft, in der diese Säulen ohne Kompromisse nebeneinander existieren."

Die anschließende Diskussion war ein lebhafter Gedankenaustausch, der von der Verwendung von recycelten Materialien in der Automobilproduktion bis hin zur Entwicklung fortschrittlicher Elektrofahrzeuge und Batterietechnologien reichte. Der Raum war voller Energie der Möglichkeiten, und jeder Vorschlag war ein Sprungbrett in eine grünere Zukunft.

Eines der ehrgeizigsten Projekte war die Erweiterung der Elektrofahrzeugpalette, angeführt vom Erfolg des Taycan. Das Team hatte die Aufgabe, diese Technologie nicht nur zu verfeinern, sondern weiter voranzutreiben, um elektrische Leistung zum Synonym für den Namen Porsche zu machen.

"Der Taycan war erst der Anfang", sagt Reimold, und in seinen Augen spiegelt sich die Überzeugung seiner Worte. "Wir werden unsere Elektroflotte ausbauen und damit neue Maßstäbe in Bezug auf Leistung, Reichweite und Nachhaltigkeit setzen. Unser Ziel ist es, an der elektrischen Revolution nicht nur teilzuhaben, sondern sie anzuführen."

Aber es ging nicht nur um die Autos. Porsche hat sich verpflichtet, seinen CO_2-Fußabdruck zu reduzieren, mit Initiativen, die darauf abzielen, kohlenstoffneutrale Produktionsstätten zu erreichen. Das Gespräch drehte sich um die Nutzung erneuerbarer Energiequellen, die Reduzierung von Abfall und die Schonung von Ressourcen – ein ganzheitlicher Nachhaltigkeitsansatz, der alle Aspekte des Porsche-Erlebnisses berührte.

Zum Abschluss des Treffens blickten Reimold und sein Team auf das Werk in Weissach, wo Prototypen der nächsten Generation von Porsche-Fahrzeugen Gestalt annahmen. Es war eine eindringliche Erinnerung an die bevorstehende Reise, einen Weg, der von Innovation geprägt ist, aber von einem Engagement für den Planeten geleitet wird.

Der Höhepunkt der Nachhaltigkeitsmission von Porsche war die Ankündigung des Unternehmens, bis 2030 in seiner gesamten Wertschöpfungskette klimaneutral zu werden. Diese mutige Aussage wurde von Branchenexperten,

Umweltschützern und Porsche-Enthusiasten gleichermaßen gefeiert und läutete ein neues Kapitel für die ikonische Marke ein.

"Es geht nicht nur darum, auf Marktanforderungen oder regulatorischen Druck zu reagieren", teilte Reimold in einem offenen Moment nach der Ankündigung mit. "Es geht um Verantwortung – gegenüber unseren Kunden, gegenüber zukünftigen Generationen und gegenüber der Erde, die unser Zuhause ist. Porsche war schon immer ein Pionier, und in dieser neuen Ära der Nachhaltigkeit werden wir erneut das Tempo vorgeben und beweisen, dass Luxus und Leistung Hand in Hand mit Umweltverantwortung gehen können."

Der Weg zu Nachhaltigkeit und Innovation war ein Beleg für die Anpassungsfähigkeit und Vision von Porsche. Es war ein Engagement, das über das Reißbrett und die Rennstrecke hinausging und eine Zukunft umfasste, in der Exzellenz und Nachhaltigkeit untrennbar miteinander verbunden sind und in der der Nervenkitzel, einen Porsche zu fahren, mit dem Wissen einhergeht, dass er Teil einer größeren, grüneren Welt ist.

Kapitel 19: Der Kult um Porsche

Die späten 2010er Jahre waren für Porsche eine Zeit der Selbstbeobachtung und des Feierns, da das Unternehmen auf über 70 Jahre automobile Exzellenz zurückblickte. Diese Ära war nicht nur geprägt von den Autos, die vom Band liefen, sondern auch von der Gemeinschaft, die um sie herum gewachsen war – ein glühender, globaler Kult von Porsche-Enthusiasten. Diese Gemeinschaft war ein Geflecht von Fahrern, Sammlern und Bewunderern, die alle durch eine tief verwurzelte Leidenschaft für die Marke Porsche und ihr Erbe verbunden waren.

In einem weitläufigen Veranstaltungsraum in Stuttgart liefen die Vorbereitungen für das Treffen der "Porsche Legends", eine Veranstaltung, die konzipiert wurde, um diese lebendige Gemeinschaft zu feiern. Der Raum war ein Schrein für das Vermächtnis von Porsche, mit Modellen aus allen Epochen, die wie Juwelen im sanften Schein der Präzisionsbeleuchtung ausgestellt waren. Von der klassischen Eleganz des 356 bis zum technologischen Wunderwerk des Taycan wurde die Evolution von Porsche in Stahl, Leder und Gummi ausgelegt.

Matthias Müller, der damalige Porsche-Vorstandsvorsitzende, stand da und blickte mit Blick auf die Vorbereitungen, ein Gefühl des Stolzes stieg in seiner Brust auf. "Das", sinnierte er zu seinem Team, "ist die Verkörperung unserer Reise. Jedes Auto hier erzählt eine Geschichte, nicht nur von Innovation und Erfolg, sondern auch von den Menschen, die es gefahren, geliebt und Teil unserer Familie geworden sind."

Die Veranstaltung war mehr als ein Schaufenster; Es war eine immersive Erfahrung. Interaktive Exponate ermöglichten es den Gästen, in die technischen Wunderwerke hinter ikonischen Modellen einzutauchen, während Simulatoren einen Vorgeschmack auf das Hochgefühl boten, einen Porsche auf den anspruchsvollsten Strecken der Welt zu fahren.

Als sich die Türen öffneten, strömte eine bunt gemischte Schar von Porsche-Enthusiasten herein, deren Aufregung mit Händen zu greifen war. In der Luft schwirrten Gespräche in einer Vielzahl von Sprachen, Geschichten von ersten Porsche-Erlebnissen, die sich zwischen Fremden austauschten, die sich eher wie lange verlorene Freunde anfühlten.

Unter den Gästen war auch Elena, Porsche-Fahrerin in dritter Generation, deren Großvater einen der ersten 911er in ihrem Land gekauft hatte. Sie fühlte sich von einem makellosen 911 Carrera RS angezogen, dessen Linien heute noch so faszinierend sind wie vor Jahrzehnten. "Es ist mehr als nur ein Auto", erklärte sie einem anderen Gast, während sich in ihren Augen das sanfte Licht spiegelte. "Es ist ein Stück Geschichte, ein Teil der Geschichte meiner Familie. Wenn man ihn fährt, fühlt man sich mit jedem Menschen verbunden, der schon einmal hinter dem Steuer eines Porsche gesessen hat."

Müller mischte sich unter die Gäste und lauschte diesen Geschichten, die alle ein Zeugnis für die Verbundenheit zwischen Porsche und seinen Enthusiasten sind. "Wir sind Hüter eines Traums", sagte er in einer Rede vor der versammelten Menge mit bewegter Stimme. "Ein Traum, der in einer kleinen Werkstatt in Gmünd begann und zu einer Gemeinschaft heranwuchs, die sich über den Globus erstreckt. Sie, unsere Enthusiasten, sind das Herz von Porsche. Ihre Leidenschaft treibt uns an, innovativ zu sein, uns zu übertreffen und weiterhin Autos zu entwickeln, die inspirieren, begeistern und verbinden."

Das Treffen der "Porsche Legends" war ein voller Erfolg, eine Feier der Autos und der Menschen, die Porsche zu mehr als nur einem Hersteller, sondern zu einer lebendigen Kultur machen. Es war eine Erinnerung daran, dass die Fahrzeuge selbst zwar Wunderwerke der Technik und des Designs waren, das wahre Vermächtnis von Porsche jedoch im Leben derer geschrieben wurde, die es berührte.

Als sich die Nacht dem Ende zuneigte, wurden die Lichter an den Porsche-Modellen gedimmt, aber der Glanz der Community leuchtete heller denn je. Porsche hatte einen Kult kultiviert, nicht durch Marketing oder Strategie, sondern durch ein unermüdliches Engagement für Exzellenz und eine Leidenschaft für das Fahren, die bei Menschen auf der ganzen Welt Anklang fand und sie in der gemeinsamen Liebe zu einer Marke verband, die zu einer Lebenseinstellung geworden war.

Kapitel 20: Designphilosophie

Das Morgenlicht fiel durch die großen Fenster des Porsche Design Studios in Weissach und warf ein sanftes Licht auf die schlanken Modelle und Skizzen, die den Raum schmückten. Dies war ein Heiligtum der Kreativität, in dem die zeitlose Designphilosophie von Porsche – die Verschmelzung von Form und Funktion – von den Händen der talentiertesten Automobildesigner der Welt zum Leben erweckt wurde.

Im Mittelpunkt stand Michael Mauer, der Chefdesigner von Porsche, ein Mann, dessen Vision die Evolution der Markenästhetik über Jahre hinweg geprägt hatte. Heute bereitete er sich auf eine Sonderpräsentation vor, die das Design-Ethos von Porsche für eine ausgewählte Gruppe von Designstudenten aus der ganzen Welt verkörpern sollte.

Das Atelier war voller Vorfreude, als sich die Studenten versammelten und ihre Augen vor Bewunderung für die ikonischen Formen, die sie umgaben, weit aufgerissen waren. Mauer begann seinen Vortrag mit einer Aussage, die für Porsche längst ein Mantra war: "Design ist nicht einfach Kunst; Es ist die Harmonie von Form und Funktion."

Während er sprach, führte er die Studenten durch die Entwicklung der Designsprache von Porsche, von der eleganten Schlichtheit des 356 bis zur aggressiven Raffinesse des 911 und darüber hinaus. Jedes Modell war ein Kapitel in einer Geschichte, die von Innovation, von angenommenen und überwundenen Herausforderungen und von einem unermüdlichen Streben nach Perfektion handelte.

"Unsere Designphilosophie", so Mauer weiter, "ist in

unserem Rennsport-Erbe verwurzelt. Jede Linie, jede Kurve an einem Porsche ist geprägt von unseren Erfahrungen auf der Rennstrecke. Aber über die Leistung hinaus gibt es ein emotionales Element in unseren Designs – eine Seele, wenn man so will. Einen Porsche erkennt man nicht nur an seiner Silhouette. Es wird durch seine Anwesenheit gefühlt."

Den Höhepunkt der Präsentation bildete die Enthüllung eines Tonmodells eines kommenden, noch nicht veröffentlichten Porsche-Modells. Die Schüler versammelten sich mit spürbarer Ehrfurcht, als sie die seltene Gelegenheit erhielten, die Geburt einer zukünftigen Ikone mitzuerleben.

"Das", deutete Mauer auf das Modell, "steht für die Zukunft von Porsche. Es ist ein Höhepunkt unseres Erbes, unserer technologischen Fortschritte und unserer Designphilosophie. Achten Sie auf die Linien – wie sie fließen und selbst in der Stille ein Gefühl von Bewegung erzeugen. Das ist die Essenz dessen, was wir anstreben: dynamische Schönheit, bei der jedes Element einen Zweck erfüllt."

Anschließend wurden die Studenten zu einem Workshop eingeladen, in dem sie die Designprinzipien von Porsche auf ihre eigenen Konzepte anwendeten. Mauer bewegte sich unter ihnen, gab Einblicke und förderte ihre Kreativität. Es war ein Tag des Lernens und der Inspiration, ein Beweis für das Engagement von Porsche, die nächste Generation von Designern zu fördern.

Zum Abschluss der Veranstaltung wandte sich Mauer noch einmal an die Schülerinnen und Schüler. "Heute haben Sie einen Blick in die Seele von Porsche geworfen. Tragen Sie diese Erfahrung mit sich, wenn Sie die Zukunft des Designs gestalten. Denken Sie daran, dass wahre Schönheit in der Balance von Form und Funktion, von Emotion und Technik liegt. Das ist das Vermächtnis von Porsche, ein Vermächtnis, von dem Sie jetzt ein Teil sind."

Inspiriert verließen die Studierenden das Porsche Design Studio, ihre Gedanken rasten vor Ideen und Möglichkeiten. Für Porsche war die Veranstaltung mehr als nur eine Übung in Öffentlichkeitsarbeit. Es war eine Bestätigung der grundlegenden Überzeugungen der Marke und eine Feier der zeitlosen Designphilosophie, die Porsche an die Spitze der automobilen Exzellenz katapultiert hatte.

Im ruhigen Licht des Weissacher Studios, als Mauer die Skizzen und Modelle betrachtete, die die Vergangenheit, Gegenwart und Zukunft von Porsche repräsentierten, fühlte er sich dem Erbe der Marke tief verbunden. Die Designphilosophie von Porsche bestand nicht nur aus einer Reihe von Prinzipien; Es war ein lebendiges, atmendes Gebilde, das sich mit jeder gezogenen Linie, jedem geformten Modell weiterentwickelte. Es war ein Versprechen von Schönheit, Leistung und Emotion – ein Versprechen, das Porsche auch in Zukunft halten würde.

Kapitel 21: Das Revival des Rennsports

Die frühen Morgenstunden in der Porsche-Motorsport-Zentrale in Weissach waren von einer elektrisierenden Zielstrebigkeit geprägt. Der heutige Tag markierte den Beginn eines neuen Kapitels in der geschichtsträchtigen Renngeschichte von Porsche – eine Rückkehr zur Königsklasse des Langstreckensports, der Le Mans Hypercar-Klasse. Dies war mehr als ein Wettbewerb; Es war ein Zeugnis für Porsches fortwährendes Vermächtnis von Innovation, Leistung und dem unnachgiebigen Streben nach Sieg.

Thomas Laudenbach, Porsche-Motorsportchef, schritt vor dem versammelten Team aus Ingenieuren, Designern und Fahrern auf und ab. Die Luft war dick vor Vorfreude, jeder Einzelne war sich der gewaltigen Aufgabe bewusst, die vor ihm lag. "Wir bauen nicht nur einen Rennwagen", verkündete Laudenbach mit überzeugter Stimme. "Wir entfachen eine Flamme neu – eine Flamme, die seit unserem ersten Sieg in Le Mans im Herzen von Porsche gebrannt hat. Dieses Auto, dieses Team, repräsentiert unser Engagement für Spitzenleistungen, unseren Wettbewerbsgeist und unser Vermächtnis des Triumphs."

Das Projekt war in Geheimhaltung gehüllt, nur das Team und einige privilegierte Personen waren in die Entwicklung des neuesten Porsche-Rennwagens eingeweiht. Das Design war revolutionär und umfasste modernste Aerodynamik, einen Hybridantrieb, der ein Wunderwerk der Technik war, und Materialien, die die Grenzen der leichten Festigkeit und Haltbarkeit erweiterten.

Als der Prototyp Gestalt annahm, arbeitete das Team unermüdlich daran, sein Know-how und seine Leidenschaft in der Entwicklung einer Maschine zu vereinen, die das Rennsporterbe von Porsche verkörpert. Die Testfahrten wurden im Mantel der Nacht durchgeführt, die Silhouette des Autos war kaum zu sehen, als es über die Strecke raste – ein geisterhafter Vorbote der Rückkehr von Porsche zur Dominanz.

Die ausgewählten Fahrer, eine Mischung aus erfahrenen Veteranen und talentierten Neulingen, waren ein wesentlicher Bestandteil der Entwicklung des Autos. Unter ihnen war auch Felix Weber, ein junger Fahrer, der bemerkenswertes Geschick und Zielstrebigkeit bewiesen hatte. Webers Verbindung zum Auto war spürbar, sein Feedback von unschätzbarem Wert für die Verbesserung seiner Leistung.

"Es ist anders als alles, was ich je gefahren bin", vertraute Weber Laudenbach nach einer anstrengenden Testsession an, bei der das Morgenlicht über die Strecke schwappte. "Es ist, als ob man den Wunsch des Autos spürt, zu gewinnen, seinen Platz an der Spitze zurückzuerobern. Es ist eine Ehre, Teil dieser Reise zu sein."

Die Enthüllung des Porsche Hypercars war ein globales Event, das an Millionen von Rennsportfans weltweit gestreamt wurde. Das Auto, das in eine Lackierung gehüllt war, die eine Hommage an die illustre Renngeschichte von Porsche darstellte, war ein unvergesslicher Anblick – eine perfekte Verschmelzung von Form und Funktion, jede seiner Linien und Kurven schreit nach Geschwindigkeit.

Laudenbach, der vor der Welt stand, konnte seinen Stolz kaum zurückhalten. "Heute enthüllen wir mehr als nur einen Rennwagen", erklärte er, während das Hypercar hinter ihm glänzte. "Wir geben unseren Fans, unseren Konkurrenten und uns selbst ein Versprechen. Porsche fährt nicht nur für Siege, sondern für die Zukunft – für die Innovation und den Geist, den der Rennsport in uns allen zum Vorschein bringt."

Die Rückkehr nach Le Mans war ein Kampf, der nicht nur auf der Strecke, sondern auch in den Herzen und Köpfen des Porsche-Teams ausgetragen wurde. Während der zermürbenden 24 Stunden bewies das Porsche Hypercar sein Können, ein Leuchtfeuer für Leistung, Widerstandsfähigkeit und Ingenieurskunst.

Als die Zielflagge geschwenkt wurde, die das Ende des Rennens signalisierte, brach die Porsche-Box in Jubel aus. Ihr Auto hatte die Ziellinie überquert und sich damit einen Platz auf dem Podium gesichert. Es war ein Augenblick des Triumphs, der Rechtfertigung und der neuen Zielstrebigkeit.

Laudenbach, der sein Team umarmte, wusste, dass dies erst der Anfang war. "Dieses Podium ist ein Sprungbrett", sagte er, den Blick auf den Horizont gerichtet. "Unsere Wiederbelebung im Rennsport ist ein Zeugnis unserer Vergangenheit und ein Leuchtturm für unsere Zukunft. Gemeinsam haben wir die Flamme des Wettbewerbs neu entfacht, und sie brennt heller denn je."

Im Erbe von Porsche Motorsport war diese Wiederbelebung mehr als eine Rückkehr in den Rennsport. Es war eine erneute Bestätigung des Engagements der Marke für Spitzenleistungen, ein Statement, dass Porsche immer die

Grenzen des Machbaren verschieben wird, auf der Rennstrecke und darüber hinaus.

Kapitel 22: Porsche in der Popkultur

Im Laufe des 21. Jahrhunderts ging der Einfluss von Porsche über die Bereiche des Automobildesigns und der Automobiltechnik hinaus und verankerte sich tief in der globalen Popkultur. Die Marke wurde nicht nur zum Synonym für Luxus und Performance, sondern auch für einen gewissen Zeitgeist, ein Symbol für Anspruch, Stil und ein Prüfstein für Künstler, Filmemacher und Musiker gleichermaßen.

In einem pulsierenden Atelier in Los Angeles, inmitten eines Durcheinanders von Leinwänden und Künstlerbedarf, stand Julian Vega, ein bekannter Pop-Art-Künstler, der für seine lebendigen, zum Nachdenken anregenden Werke bekannt ist, die oft die Obsessionen und Sehnsüchte der Gesellschaft kommentierten. Vega, ein bekennender Porsche-Liebhaber, gab seinem neuesten Werk den letzten Schliff – eine kühne, farbenfrohe Hommage an den legendären Porsche 911.

"Der 911 ist nicht nur ein Auto; es ist eine kulturelle Ikone", erklärte Vega einer Gruppe von Kunststudenten, die sich um ihn versammelt hatten und an jedem seiner Worte hingen. "Es steht für eine Verschmelzung von Kunst und Technik, ein Symbol für dauerhaftes Design und unermüdliches Streben nach Perfektion. Mit diesem Stück möchte ich die Essenz des Einflusses von Porsche auf unsere kollektive Vorstellungskraft einfangen."

Währenddessen suchte die gefeierte Regisseurin Sofia Chen in einem belebten Filmstudio am anderen Ende der Stadt nach Drehorten für ihren nächsten Blockbuster – einen rasanten Thriller mit einem Porsche als Heldenauto. Chen, die für ihre akribische Liebe zum Detail und ihre Fähigkeit, fesselnde Erzählungen zu weben, bekannt ist, sah in dem Porsche mehr als nur eine Requisite. Er war ein eigenständiger Charakter, der Eleganz, Widerstandsfähigkeit und einen unbezwingbaren Geist verkörperte.

"Porsche-Fahrzeuge haben eine einzigartige Präsenz; sie vermitteln Emotionen und Action, auch wenn sie stationär sind", bemerkte Chen während einer Produktionsbesprechung, während ihr Team aufmerksam zuhörte. "Der Porsche unseres Protagonisten wird eine visuelle Metapher für seine Reise, seine Kämpfe und letztendlich seinen Triumph sein. Es geht nicht nur um die Verfolgungsjagden; es geht um das, was der Porsche repräsentiert – den unermüdlichen Antrieb für die eigenen Ziele."

Auch die Musikwelt war nicht immun gegen die Faszination Porsches. In einem Tonstudio in Berlin nahm Luca Rossi, ein Chartstürmer, die Tracks für sein neues Album auf. Die Lead-Single, eine hymnische Melodie über Ehrgeiz und das Streben nach Träumen, enthielt ein Musikvideo, in dem Rossi in einem Porsche Taycan durch die neonbeleuchteten Straßen fährt, wobei das elektrische Brummen des Autos ein Kontrapunkt zur akustischen Melodie ist.

"Der Taycan in meinem Video ist eine Anspielung auf die Zukunft, auf Innovation und Nachhaltigkeit", teilte Rossi in einem Interview mit und seine Begeisterung war spürbar. "Bei Porsche ging es schon immer darum, die Grenzen zu verschieben, und mit diesem Auto zeigen sie, dass die Zukunft der Performance elektrisch sein kann. Es ist eine starke Botschaft, und ich wollte, dass meine Musik das widerspiegelt."

Die Verflechtung von Porsche mit der Popkultur war ein Beweis für die universelle Anziehungskraft der Marke und ihre Fähigkeit, über Medien und Genres hinweg zu inspirieren. Ob durch Kunst, Kino oder Musik: Porsche war mehr als ein Hersteller von Hochleistungsfahrzeugen. Es war zu einem Symbol der Sehnsucht, einer Muse für Kreative und einem Grundnahrungsmittel der Popkultur-Erzählungen geworden.

Als Vega sein Kunstwerk vorstellte, als Chens Film Premiere feierte und begeisterte Kritiken erhielt, und als Rossis Single die Charts erklomm, wurde Porsches Platz im Teppich der Popkultur gefestigt. Die Marke hatte einen ikonischen Status erreicht und war über ihre Wurzeln in der automobilen Exzellenz hinaus zu einem Symbol für Stil, Innovation und das unermüdliche Streben nach Perfektion in allen Formen des kreativen Ausdrucks geworden.

Kapitel 23: Herausforderungen des 21. Jahrhunderts

Als der Anbruch des 21. Jahrhunderts in den Rückspiegel rückte, stand Porsche vor einer Ära voller beispielloser Herausforderungen und Chancen. Die Automobillandschaft veränderte sich in rasender Geschwindigkeit, angetrieben durch technologische Fortschritte, Veränderungen im Verbraucherverhalten und zunehmende Umweltbedenken. In der eleganten und modernen Chefetage der Porsche-Zentrale in Stuttgart fand ein entscheidendes Treffen statt, das einen Moment der Selbstbeobachtung und der strategischen Planung für die Zukunft der Marke signalisierte.

Oliver Blume, Vorstandsvorsitzender der Porsche AG, leitete die Montage mit ruhigem und dennoch entschlossenem Auftreten. Um den Tisch aus polierter Eiche versammelten sich die Top-Führungskräfte des Unternehmens, die jeweils eine Säule des Porsche-Geschäfts repräsentierten – von Forschung und Entwicklung bis hin zu Marketing und Nachhaltigkeit. Die Luft war von einem Gefühl der Dringlichkeit erfüllt, einer kollektiven Anerkennung der Notwendigkeit, die sich entwickelnden Herausforderungen mit Agilität und Weitsicht zu bewältigen.

"Unsere Welt verändert sich", begann Blume und sein Blick wanderte nachdenklich über die Gesichter seines Teams. "Wir stehen an der Schwelle zu einer neuen Ära der Mobilität, die Innovation, Nachhaltigkeit und ein Bekenntnis zu den Werten erfordert, die uns schon immer definiert haben. Die Frage, die vor uns liegt, ist nicht nur, wie Porsche sich anpassen wird, sondern auch, wie wir führen werden."

Die anschließende Diskussion war eine offene Auseinandersetzung mit den vielfältigen Herausforderungen, mit denen die Automobilindustrie konfrontiert ist. Elektrifizierung, Digitalisierung und autonome Fahrtechnologien standen im Vordergrund und stellten jeweils eine disruptive Kraft und eine Chance für Innovationen dar. Das Gespräch befasste sich mit der Roadmap von Porsche für die Elektrifizierung, die auf dem Erfolg des Taycan aufbaut und das Elektroportfolio der Marke erweitert.

Lutz Meschke, stellvertretender Vorsitzender des Vorstands für Finanzen und IT, unterstrich die Notwendigkeit der Integration digitaler Technologien, um das Fahrerlebnis und die Kundenbindung zu verbessern. "Die Digitalisierung bietet uns eine noch nie dagewesene Chance, mit unseren Kunden in Kontakt zu treten, die Leistung und Sicherheit unserer Fahrzeuge zu verbessern und unsere Abläufe zu optimieren", betonte Meschke. "Wir müssen Pioniere sein, nicht nur bei den Autos, die wir bauen, sondern auch bei den Erlebnissen, die wir bieten."

Anschließend drehte sich der Dialog um Nachhaltigkeit – eine zentrale Säule der Zukunftsvision von Porsche. Albrecht Reimold, Mitglied des Vorstands für Produktion und Logistik, skizzierte ehrgeizige Initiativen zur Erreichung der Klimaneutralität und zur Integration nachhaltiger Praktiken in die gesamte Wertschöpfungskette. "Nachhaltigkeit ist kein Zwang; es ist ein Motor für Innovationen", so Reimold. "Es fordert uns heraus, die Art und Weise, wie wir unsere Fahrzeuge entwerfen, produzieren und liefern, zu überdenken. Unser Engagement für die Umwelt ist ein

Bekenntnis zu unserer Zukunft."

Als sich das Meeting dem Ende zuneigte, wandte sich Blume mit einem neuen Zielbewusstsein an sein Team. "Die Herausforderungen, vor denen wir stehen, sind komplex, aber sie sind auch Chancen – innovativ zu sein, eine Führungsrolle zu übernehmen und neu zu definieren, was ein Sportwagen im 21. Jahrhundert sein kann. Porsche war schon immer mehr als ein Automobilhersteller. Wir sind eine Gemeinschaft von Träumern, Ingenieuren und Enthusiasten, die durch die Leidenschaft für das Fahren vereint sind. Es ist diese Leidenschaft, die uns auf dem vor uns liegenden Weg leiten wird."

Das Team löste sich auf und verließ die Chefetage mit einer klaren Richtung und dem gemeinsamen Engagement, Porsche durch die Herausforderungen des 21. Jahrhunderts zu führen. Der Weg in die Zukunft war geprägt von Innovation, Nachhaltigkeit und unerschütterlichem Engagement für das Wesen von Porsche – eine Kombination aus Leistung, Luxus und einem unermüdlichen Streben nach Exzellenz.

Angesichts einer sich rasant verändernden Welt blieb Porsche standhaft, geleitet von seinem Erbe, aber angetrieben von einer Vision für die Zukunft. Auf dem Weg der Marke durch das 21. Jahrhundert ging es nicht nur darum, sich an den Wandel anzupassen, sondern auch darum, die Zukunft der Mobilität zu gestalten und sicherzustellen, dass Porsche auch für kommende Generationen inspirierend, innovativ und begeisternd bleibt.

Kapitel 24: Das Vermächtnis lebt weiter

Die Sonne ging über dem Porsche-Museum in Stuttgart unter und warf ein warmes Licht auf das schlanke, futuristische Bauwerk. Im Inneren brummte die Luft vor Vorfreude, als sich die Gäste zu einem besonderen Ereignis versammelten – eine Feier der reichen Geschichte von Porsche und ein Ausblick auf seine glänzende Zukunft. Das Museum, ein Tempel der Innovation und des Designs, war die perfekte Kulisse für diesen Anlass, mit legendären Modellen aus der Vergangenheit von Porsche, die jeweils eine Geschichte von Triumph, Herausforderung und unermüdlichem Streben nach Perfektion erzählten.

In der Mitte der Haupthalle, unter gedämpftem Licht, stand Oliver Blume, Vorstandsvorsitzender der Porsche AG, umgeben von seinem Team, hohen Gästen und einer Schar von Porsche-Enthusiasten. Der heutige Abend war nicht nur eine Feier, sondern eine erneute Bestätigung der Werte von Porsche, seiner Vision und seines unerschütterlichen Engagements für Spitzenleistungen.

"Meine Damen und Herren", begann Blume, und seine Stimme hallte durch den Saal, "wir stehen heute hier, umgeben von Geschichte – von den Autos, die Porsche geprägt haben, von den Innovationen, die uns vorangetrieben haben, und von den Menschen, die diese Reise möglich gemacht haben. Aber so sehr es heute Abend darum geht, zurückzublicken, so sehr geht es auch darum, nach vorne zu blicken."

Blumes Rede war eine Reise durch die Vergangenheit von Porsche, von den bescheidenen Anfängen in einer kleinen Werkstatt in Gmünd bis hin zu seinem Status als globale

Ikone für Performance, Luxus und Innovation. Er sprach über die Herausforderungen, denen er sich stellen musste, die gewonnenen Siege und die Lektionen, die er daraus gezogen hat. Vor allem aber sprach er von den Menschen – den Fahrern, Ingenieuren, Designern und Enthusiasten, die das wahre Herz von Porsche waren.

"Wenn wir in die Zukunft blicken", so Blume weiter, "tun wir dies mit einer klaren Vision: Wir wollen bei Elektrifizierung, Digitalisierung und Nachhaltigkeit eine Vorreiterrolle einnehmen und gleichzeitig dem Kern dessen treu bleiben, was es bedeutet, ein Porsche zu sein. Unser Vermächtnis liegt nicht nur in den Autos, die wir gebaut haben, sondern auch in den Erfahrungen, die wir geschaffen haben, in den Grenzen, die wir verschoben haben, und in der Community, die wir aufgebaut haben."

Den Höhepunkt des Abends bildete die Enthüllung eines neuen Konzeptfahrzeugs, eine atemberaubende Vision der Zukunft von Porsche. Die Abdeckung wurde zurückgezogen, um ein Fahrzeug zu enthüllen, das sowohl das Erbe als auch den Horizont von Porsche zu verkörpern schien – eine Synthese aus zeitlosem Design, modernster Technologie und einem Bekenntnis zur Nachhaltigkeit.

"Das", kündigte Blume an und deutete auf das Konzeptfahrzeug, "ist die Zukunft von Porsche. Es ist ein Versprechen – ein Versprechen, weiterhin innovativ zu sein, weiterhin zu inspirieren und weiterhin Autos zu schaffen, die begeistern, begeistern und Bestand haben."

Der Applaus, der folgte, galt nicht nur dem Auto oder den gesprochenen Worten, sondern auch dem Versprechen dessen, was kommen sollte. Im Laufe des Abends mischten sich die Gäste unter die Exponate, und ihre Gespräche waren ein Chor der Aufregung, Vorfreude und Bewunderung für eine Marke, die so viel mehr als nur ein Automobilhersteller geworden war.

Als die Lichter des Museums schließlich gedimmt wurden, blieb das Vermächtnis von Porsche so hell wie eh und je – ein Leuchtfeuer aus Leidenschaft, Leistung und Pioniergeist, das die Marke auch in die Zukunft führen sollte. Für Porsche war die Reise noch lange nicht zu Ende; Er entwickelte sich weiter, angetrieben von der gleichen Vision, Entschlossenheit und Liebe zum Fahren, die seine Vergangenheit geprägt hatten.

Und so lebt das Vermächtnis weiter, nicht nur in den Autos, die Porsche herstellt, sondern auch in den Träumen, die es inspiriert, den Herausforderungen, die es annimmt, und der Zukunft, die es wagt, sich vorzustellen. Im Herzen eines jeden Porsche-Enthusiasten geht die Geschichte weiter, ein Zeugnis für die anhaltende Anziehungskraft einer Marke, die sich weigert, stillzustehen, die immer in Bewegung lebt, immer dem nächsten Horizont entgegen.

Epilog: Jenseits des Horizonts

Als die Nacht das Porsche-Museum in Stuttgart einhüllte, schienen die Sterne oben die Lichter unten widerzuspiegeln, jedes ein Leuchtfeuer in der Dunkelheit, das den Weg nach vorne weist. Im Inneren hallte das Echo der Feierlichkeiten des Tages nach, eine Symphonie aus Stimmen und Lachen, die von einer gemeinsamen Leidenschaft sprach, einer kollektiven Reise, die Zeit und Geografie überwunden hatte, um Menschen aus allen Gesellschaftsschichten zu vereinen.

Oliver Blume stand für einen Moment allein auf dem Balkon des Museums und blickte auf die Lichter der Stadt. Die Ereignisse des Tages, die Enthüllung des neuen Konzeptfahrzeugs, die Reden und die spürbare Vorfreude auf die Zukunft schienen sich zu einem einzigen, überwältigenden Sinn zu vereinen. Porsche war mehr als ein Unternehmen, mehr als die Summe seiner Teile – es war ein lebendiges Vermächtnis, das sich ständig weiterentwickelte und dennoch fest in den Werten und Visionen seiner Gründer verwurzelt war.

Während er in die Nacht hinausblickte, dachte Blume über die Reise nach, die Porsche zu diesem Moment gebracht hatte. Es war ein Weg, der geprägt war von Innovation, vom Mut, sich Herausforderungen zu stellen, und von einem unerschütterlichen Engagement für Spitzenleistungen. Aber es war auch eine Reise, die von den Menschen geprägt worden war, die sie gegangen waren – von den Ingenieuren und Designern, die die Grenzen des Machbaren verschoben hatten, von den Fahrern, die Porsche zum Sieg auf der Rennstrecke geführt hatten, und von den Enthusiasten, die Porsche zu einem Teil ihres Lebens gemacht hatten. ihre

Träume und ihre Identitäten.

"Morgen", flüsterte Blume zu sich selbst, "setzen wir unsere Reise fort, angetrieben von der gleichen Leidenschaft, dem gleichen Wunsch nach Innovation und dem gleichen Bekenntnis zu unseren Werten. Die Zukunft ist ein offener Weg, und wir sind bereit, ihn zu beschreiten, neue Horizonte zu erkunden und neue Legenden zu schaffen."

Als er sich umdrehte, um sich wieder zu den Gästen zu gesellen, wusste Blume, dass die Geschichte von Porsche noch lange nicht zu Ende war. Es war eine Geschichte, die sich weiter entfalten, überraschen und inspirieren sollte, als Porsche sich in das Unbekannte wagte, geleitet von seinem Erbe, aber immer nach vorne blickend, immer weiter gehend.

Das Museum mit seinen Schätzen der Vergangenheit und seinen Visionen für die Zukunft war ein Zeugnis für den unvergänglichen Geist von Porsche – einen Geist des Abenteuers, der Exzellenz und des unermüdlichen Strebens nach dem Außergewöhnlichen. Es war ein Geist, der Porsche über den Horizont hinaus in eine Zukunft tragen sollte, in der die Wege noch unerforscht waren, aber das Ziel klar war: weiterhin zu begeistern, zu innovieren und führend zu sein.

Und so schlief die Stadt, als die Sterne auf Stuttgart herableuchteten, aber der Traum von Porsche brannte hell, ein Traum von Geschwindigkeit, von Schönheit, von technischen Wundern, die noch kommen sollten. Das Vermächtnis von Porsche war lebendig, eine Flamme, die nie erlöschen würde, angetrieben von der Leidenschaft derer, die seine Autos fuhren, die seine Reise teilten und die immer an die Kraft des Traums glaubten.

Hinter dem Horizont wartete die Zukunft, und Porsche, den Blick fest auf die Straße gerichtet, war bereit, ihr zu begegnen, sie zu umarmen und neu zu definieren, auf der Suche nach Perfektion.

Über den Autor

Etienne Psaila, ein versierter Autor mit über zwei Jahrzehnten Erfahrung, beherrscht die Kunst, Wörter über verschiedene Genres hinweg zu weben. Sein Weg in die literarische Welt ist geprägt von einer Vielzahl von Publikationen, die nicht nur seine Vielseitigkeit, sondern auch sein tiefes Verständnis für verschiedene Themenlandschaften unter Beweis stellen. Es ist jedoch der Bereich der Automobilliteratur, in dem Etienne seine Leidenschaften wirklich verbindet und seine Begeisterung für Autos nahtlos mit seinen angeborenen Fähigkeiten als Geschichtenerzähler verbindet.

Etienne hat sich auf Automobil- und Motorradbücher spezialisiert und erweckt die Welt der Automobile durch seine eloquente Prosa und eine Reihe atemberaubender, hochwertiger Farbfotografien zum Leben. Seine Werke sind eine Hommage an die Branche, indem sie ihre Entwicklung, den technologischen Fortschritt und die schiere Schönheit von Fahrzeugen auf eine Weise einfangen, die sowohl informativ als auch visuell fesselnd ist.

Als stolzer Alumnus der Universität von Malta bildet Etiennes akademischer Hintergrund eine solide Grundlage für seine akribische Recherche und sachliche Genauigkeit. Seine Ausbildung hat nicht nur sein Schreiben bereichert, sondern auch seine Karriere als engagierter Lehrer vorangetrieben. Sowohl im Unterricht als auch beim Schreiben ist Etienne bestrebt, zu inspirieren, zu informieren und die Leidenschaft für das Lernen zu entfachen.

Als Lehrer nutzt Etienne seine Erfahrung im Schreiben, um sich zu engagieren und zu bilden, und bringt seinen Schülern das gleiche Maß an Engagement und Exzellenz entgegen wie seinen Lesern. Seine Doppelrolle als Pädagoge und Autor versetzt ihn in eine einzigartige Position, um komplexe Konzepte mit Klarheit und Leichtigkeit zu verstehen und zu vermitteln, sei es im Klassenzimmer oder durch die Seiten seiner Bücher.

Mit seinen literarischen Werken hinterlässt Etienne Psaila weiterhin einen unauslöschlichen Stempel in der Welt der Automobilliteratur und fesselt Autoliebhaber und Leser gleichermaßen mit seinen aufschlussreichen Perspektiven und fesselnden Erzählungen.
Er ist persönlich unter etipsaila@gmail.com erreichbar

Milton Keynes UK
Ingram Content Group UK Ltd.
UKHW020320021124
450424UK00013B/1351

9 781923 361515